ПЕРША ПОМИЛКА ЕЙНШТЕЙНА

ПРОМІЖОК ЧАСУ

EVGENI BANTUTOV

Copyright © 2024 EVGENI BANTUTOV

All rights reserved

The characters and events portrayed in this book are fictitious. Any similarity to real persons, living or dead, is coincidental and not intended by the author.

No part of this book may be reproduced, or stored in a retrieval system, or transmitted in any form or by any means, electronic, mechanical, photocopying, recording, or otherwise, without express written permission of the publisher.

CONTENTS

Title Page
Copyright
1 Передмова	1
2 Вступ	2
3 Опис проблеми	3
4 Рішення задачі	54
5 Обговорення	60
6. Обговорення 02.02.2022.	61
7. Більше обговорень	65
Публікації цього автора.	67

1 ПЕРЕДМОВА

Я сто разів читав першу статтю Ейнштейна. Може більше. Це не означає, що я дуже дурний. Це означає, що я страшенно впертий. Спочатку я був вражений і був переконаний, що Ейнштейн був генієм і, можливо, інопланетянином. Пізніше я прийшов до повного заперечення, і я був упевнений, що спеціальна теорія відносності була великою помилкою у фізиці. Тепер я знаю, що те, що зробив Ейнштейн, є необхідним кроком у розвитку науки про людину. Слід зробити наступний крок. Я думаю, що це станеться найближчим часом.

2 ВСТУП

Спеціальну теорію відносності створив Альберт Ейнштейн. Спеціальна теорія відносності - це теорія про час, простір і рух.

Під час створення НТР Ейнштейн використовував годинник, який вимірює час.

Ці годинники повинні працювати синхронно. Для синхронної роботи вони повинні бути синхронізовані заздалегідь. Синхронізація годинників завжди проводиться методом перевірки синхронності годинників.

Метод, використаний Альбертом Ейнштейном, неправильний. Якщо метод Альберта Ейнштейна помилковий, то Спеціальна теорія відносності помилкова.

Це буде доведено в цій книзі.

У книзі багато фігур. На малюнках показаний метод Альберта Ейнштейна, за допомогою якого перевіряється синхронна робота годинників. За наявності цифр читачі, які не мають спеціальної освіти з фізики, дуже легко зрозуміють помилку Альберта Ейнштейна.

Книга створена спеціально для людей, які не є фізиками, але люблять міркувати, аналізувати та шукати відповіді на цікаві фізичні питання та природні таємниці.

ЗОПИС ПРОБЛЕМИ

У 1905 році в журналі Annalen der Physik була опублікована стаття «ZurelektrodynamikbewegterKörper», Annalen der Physik, 1905 17, 891-921.

Автор був дуже молодим і його звуть Альберт Ейнштейн. Після цієї статті він став всесвітньо відомим дослідником.

Ці ідеї піддаються серйозній критиці і проти них можна заперечити.

Основне заперечення полягає проти методу Альберта Ейнштейна синхронізації годинників.

Ось що говорить Альберт Ейнштейн:

Якщо в точці простору розташований один годинник, то спостерігач, що знаходиться в А, може визначити час подій безпосередньо в А, вимагаючи збігу розташування стрілок годинника одночасно з цими подіями. Якщо є годинник в іншій точці простору, ми можемо додати «годинник з точно таким же пристроєм, як той, що знайдений в А», тоді все ще можна визначити час подій у безпосередній близькості від спостерігача розташований в Б.

Однак неможливо порівняти в часі подію в А з подією в В, але наразі ми визначили «час А» і «час В», але не загальний час для А і В.

Ми можемо виконати останнє, враховуючи, що час, необхідний для досягнення світла від А до В, дорівнює часу, необхідному для досягнення від В до А. Нехай саме в момент t_A до часу А «один промінь світла йде від А до В в момент t_B до часу В" відбивається від В до А, а в момент t'_A до

"часу А" повертається назад до А. Згідно з визначенням, два годинники працюють синхронно, якщо:
$t_B - t_A = t'_A - t_B$

Це текст, у якому Альберт Ейнштейн показує свій метод, за допомогою якого синхронізуються два годинники, і доводить, що ці два годинники працюють синхронно. Його метод пояснюється та легко розуміється за допомогою цифрової моделі.

Наприклад, спостерігач А посилає світловий імпульс eight o'clock вранці. Вісім годин - це час t_A ($t_A = 8$)

Якщо два годинники синхронізовані, годинник у спостерігачі В також має показувати eight o'clock.

Початок світлового імпульсу приходить у точку В, а потім годинник спостерігача, який знаходиться в точці В, показує ten o'clock. Ten o'clock – час t_B ($t_B = 10$). Якщо два годинники синхронізовані, годинник спостерігача А також має показувати ten o'clock.

Промінь відбивається від точки В і повертається до спостерігача А в twelve o'clock. Twelve o'clock це час t'_A ($t'_A = 12$). Якщо два годинники синхронізовані, годинник у точці В також має показувати twelve o'clock.

Світловий імпульс долає відстань від А до В за дві години, а відстань від В до А також за дві години.

Згідно з визначенням Ейнштейна, два годинники працюють синхронно, якщо:
$t_B - t_A = t'_A - t_B$

Підставляємо моменти часу на їх числові значення і отримуємо наступне:

Отримано $10 - 8 = 12 - 10$ $2 = 2$.

Рівняння вірне, тому годинники синхронізовані. Все дуже легко, і читач переконаний, що коментарі зайві.

На жаль, це неправда.

Зараз ми з вами, шановний читачу, ретельно розберемо метод Альберта Ейнштейна.

Альберт Ейнштейн говорить наступне:

„ **Нехай саме зараз т $_A$ до „ часу A " один промінь світла йде від A до B в момент t $_B$ до „ часу B " відбивається від B до A і в момент t ' $_A$ до „ часу A" повертається назад до A** ".

Зі сказаного випливає, що коли промінь досягає точки B, він повинен відбитися від точки B і почати рухатися в протилежному напрямку до точки A. Альберт Ейнштейн не пояснює, як відбувається відображення світлового променя. Ейнштейн не показує конкретного способу, яким світло буде відбиватися і почне рухатися з точки B в точку A.

Всі ми знаємо, що світло найлегше відбивається через дзеркало.

Наприклад, у статті Г. Б. Малініна «Про можливість експериментальної перевірки другого постулату спеціальної теорії відносності» Успіхи фізичних наук, 2004, вип. 174.) („О возможности экспериментальной проверки второго постулата специальной теории относительности" Успехи физических наук, 2004, том 174.) стверджується, що відбивання світла здійснюється дзеркалом.

З цієї причини ми вирішуємо використовувати дзеркало, помістивши дзеркало в точку B. Відбиваюча поверхня дзеркала спрямована до точки A.

Щоб було зрозуміло, перегляньте малюнок 1.

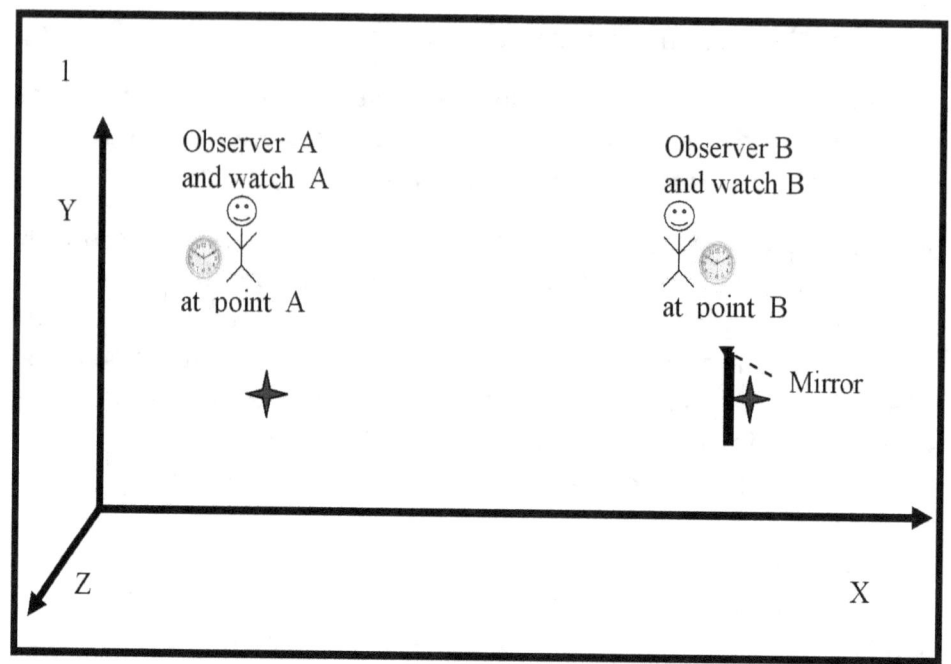

На рисунку 1 показано:
Система координат XYZ.
Точка A, де знаходиться спостерігач A, оснащена годинником A.
Точка B, де знаходиться спостерігач B, оснащена годинником B. Перед точкою B розміщено дзеркало, яке може відбивати промінь світла.

точка A і точка B позначені символом «  ».
Годинники в точках A і Б однакові. Припускається, що коли годинники однакові, вони вимірюють однаковий час.
Спостерігач A не знає, як рухаються стрілки годинника спостерігача Б. І навпаки, спостерігач Б не знає, як рухаються стрілки годинника спостерігача A. Годинники повинні бути синхронізовані.
Альберт Ейнштейн припускає синхронізацію руху двох

стрілок годинника виконується за допомогою світлового променя. Метод Альберта Ейнштейна стверджує, що спостерігач А посилає промінь світла до спостерігача Б. Це короткий тонкий світловий імпульс. Можна використовувати лазер.
Дивіться малюнок 2.

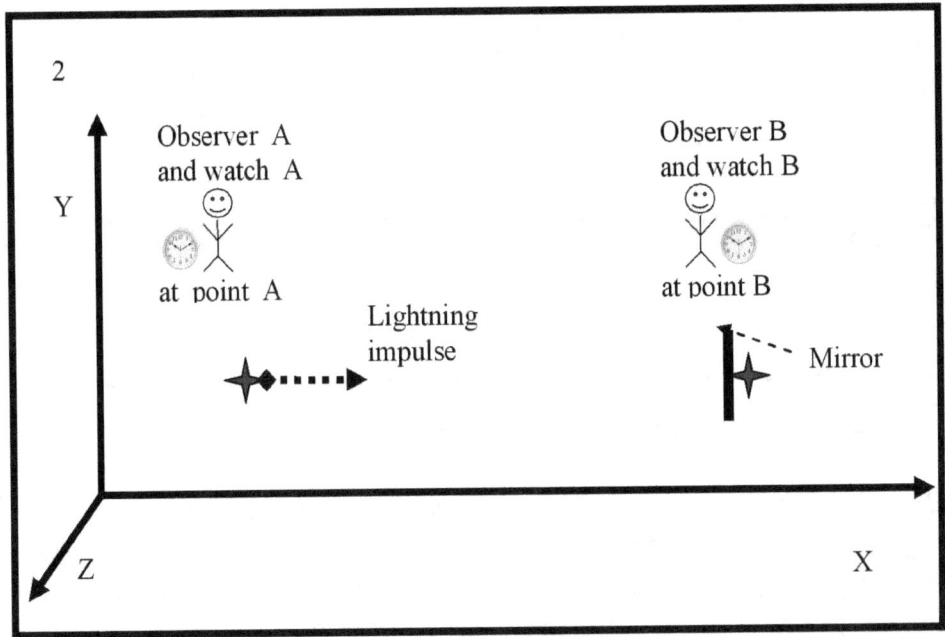

На малюнку 2 показаний імпульс лазерного світла.
Світловий імпульс має початок і кінець. Виникнення початку світлового імпульсу є подією, яка відбувається в момент t_A. Спостерігач А визначає момент часу t_A за своїм годинником, який знаходиться в безпосередній близькості від точки А. Спостерігач у точці А пам'ятає, що подія «виникнення початку світлового імпульсу» сталася в момент t_A.
Світловий імпульс починає рухатися до спостерігача, який знаходиться в точці В.
Дивіться малюнок 3.

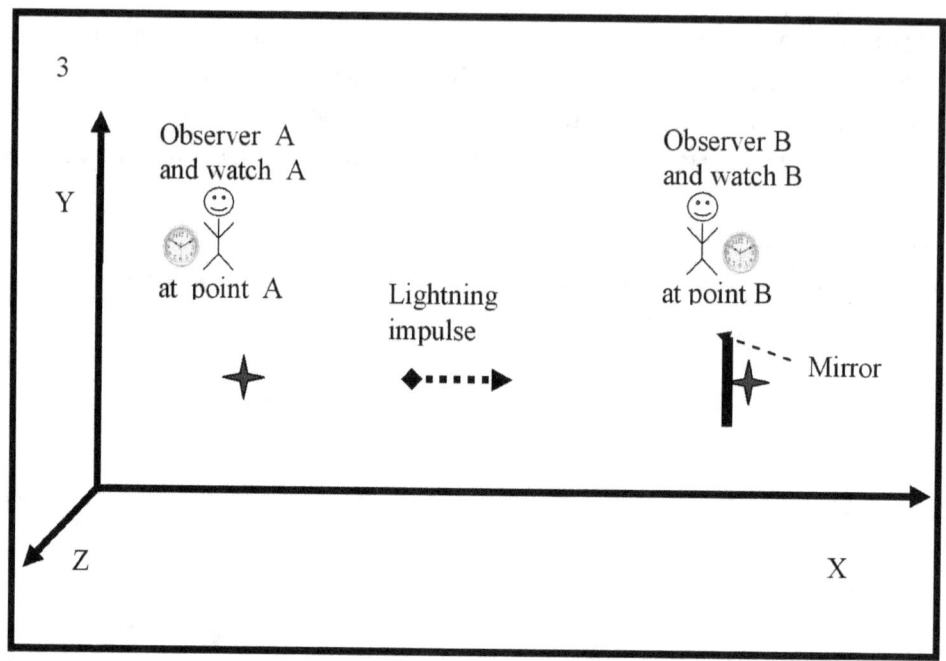

На малюнку 3 видно, що світловий імпульс знаходиться десь між точками A і B.

Спостерігач, який знаходиться в точці A, не може спостерігати за рухом світлового променя. Але спостерігач, який знаходиться в точці A, знає (має інформацію), що промінь світла рухається до спостерігача, який знаходиться в точці B, і що промінь світла буде відображено дзеркалом (яке розміщено в точці B) і повернеться назад у точку A.

Спостерігач у точці A уважно стежить за показаннями свого годинника і чекає повернення світлового променя назад у точку A.

Світловий імпульс надходить у точку Б.

Дивіться малюнок 4.

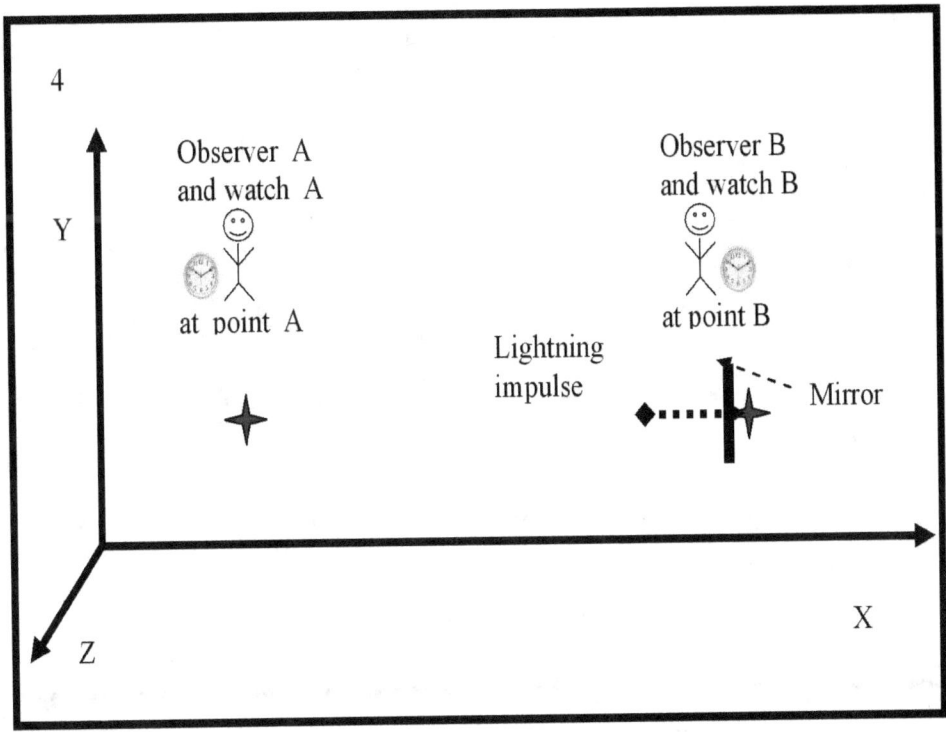

На рисунку 4 видно, що спостерігач у точці B помічає прихід світлового імпульсу і бачить, як він відбивається дзеркалом. Прихід світлового променя в точку B і відбиття світлового променя дзеркалом — це дві події, які відбуваються в один і той же момент часу t_B.

Дивіться малюнок 5.

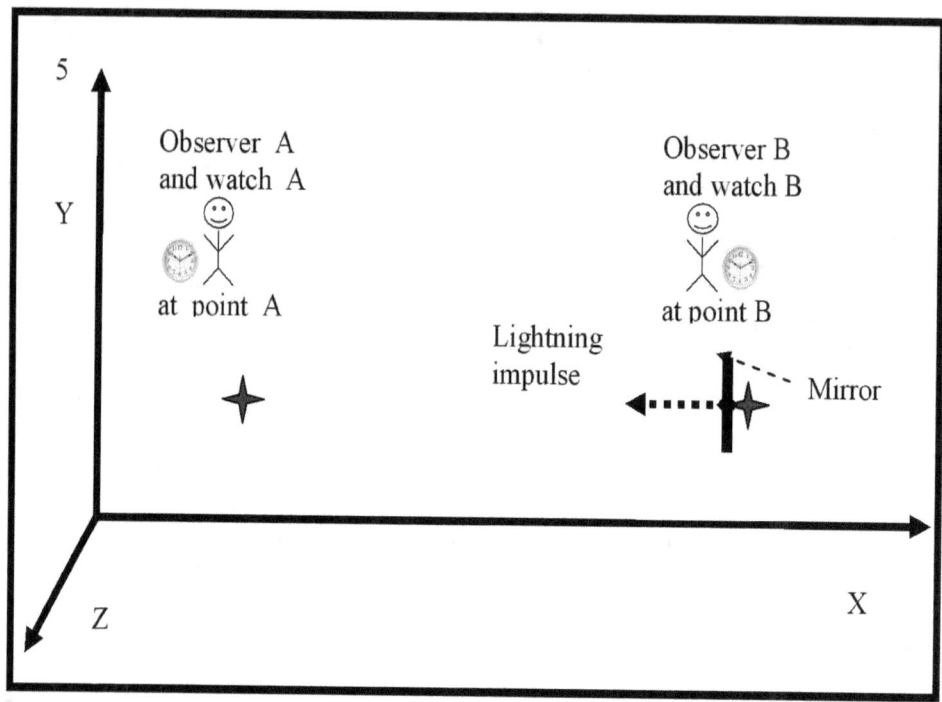

На малюнку 5 показано прихід і відбиття світлового імпульсу. Спостерігач у точці B зауважує, що ці дві події (прихід і відбиття) відбуваються в один і той же момент t_B. Момент часу t_B фіксується за показаннями стрілок годинника спостерігача в точці B. Спостерігач, який знаходиться в точці B, пам'ятає, що прихід і відбиття світлового променя відбувається в момент t_B. Світловий імпульс відбивається дзеркалом і повертається в точку A, де знаходиться спостерігач A.
Дивіться малюнок 6.

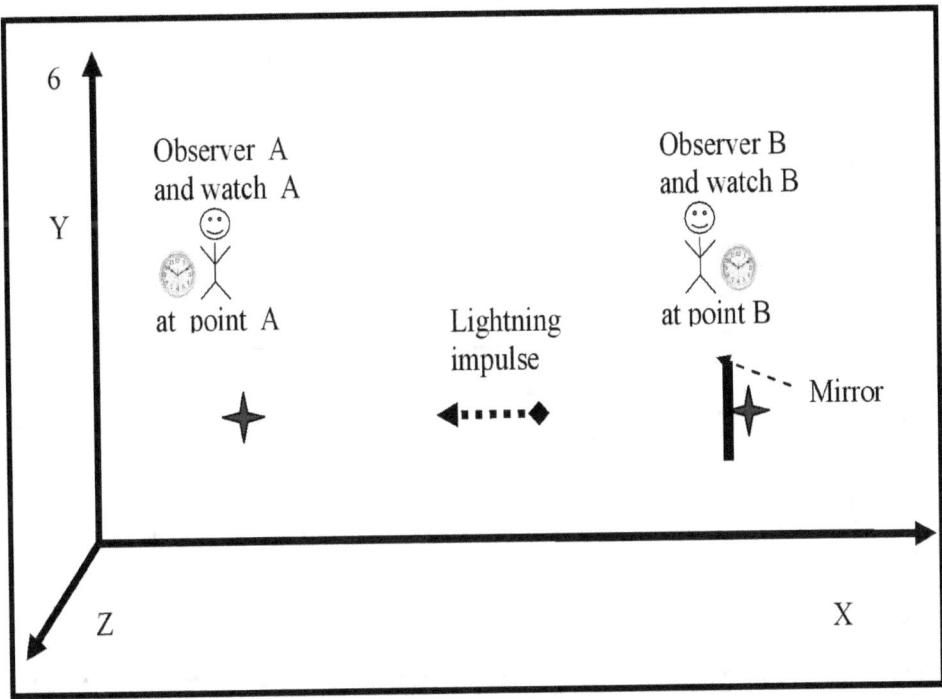

На малюнку 6 показано, що світловий імпульс знаходиться десь між точками A та B. Спостерігач у точці A та спостерігач у точці B не можуть спостерігати за рухом світлового імпульсу, але вони знають, що імпульс рухається від точки B до точки A. Світловий імпульс надходить у точку A.
Дивіться малюнок 7.

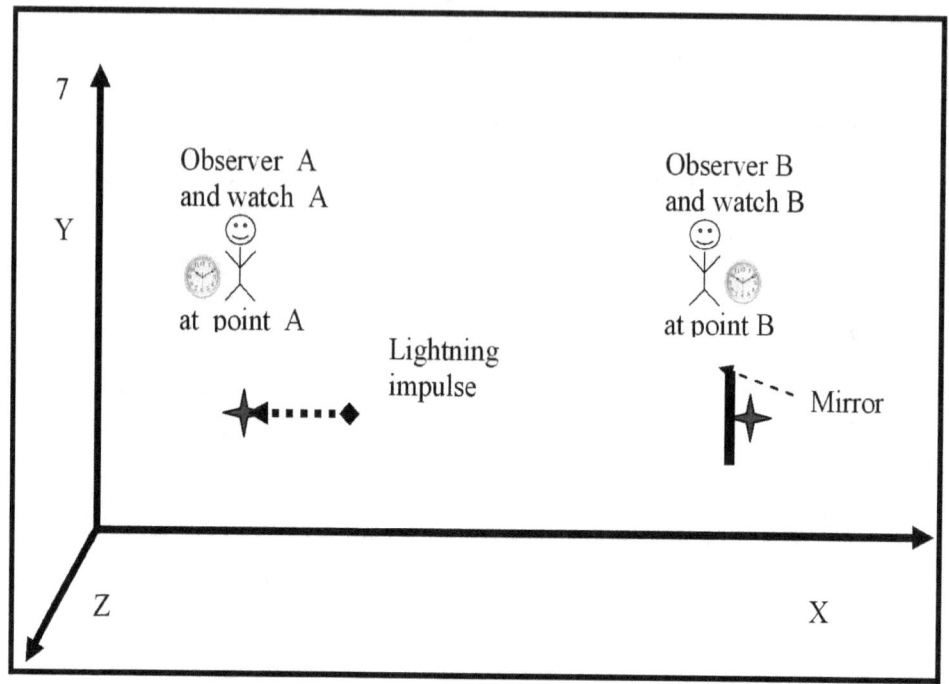

На малюнку 7 показано, що надходження імпульсу в точку А є подією, що відбувається. Спостерігач у точці А зауважує, що прихід світлового імпульсу відбувається в момент часу t'_A. Вимірювання моменту часу t'_A здійснюється за показниками годинника, розташованого в точці А. Спостерігач у точці А запам'ятовує момент часу t'_A, оскільки момент часу t'_A потрібен для синхронізації двох годинників.
Після виконання розумового експерименту отримано чотири важливі результати.

Перший важливий результат:
Спостерігач у точці А знає числове значення часу t_A, коли світловий імпульс відійшов від точки А, і знає числове значення часу t_A, коли світловий імпульс повертається в точку А.

Другий важливий результат:

Спостерігач у точці A не знає числового значення моменту часу t_B, коли світловий імпульс надходить у точку B.

Третій важливий результат:
Спостерігач у точці B знає, що світловий імпульс надійшов у точку B у момент часу t_B, зафіксований годинником B.

Четвертий важливий результат:
Спостерігач у точці B не знає числового значення моменту часу (t_A), коли світловий імпульс покинув точку A, і не знає числового значення моменту часу (t'_A), коли світловий імпульс вийшов повернувся в пункт A.

Щоб синхронізувати два годинники (за Альбертом Ейнштейном), має бути виконана така умова:
$t_B - t_A = t'_A - t_B$
Щоб написати математичний вираз, принаймні один із двох спостерігачів або спостерігач, який знаходиться в точці A, або спостерігач, який знаходиться в точці B, повинен знати три числові значення моментів часу t_A, t_B і t'_A.
На жаль, жоден із двох спостерігачів, перший у точці A, а другий у точці B, не знає трьох значень моментів часу t_A, t_B і t'_A.
Дивіться малюнок 8.

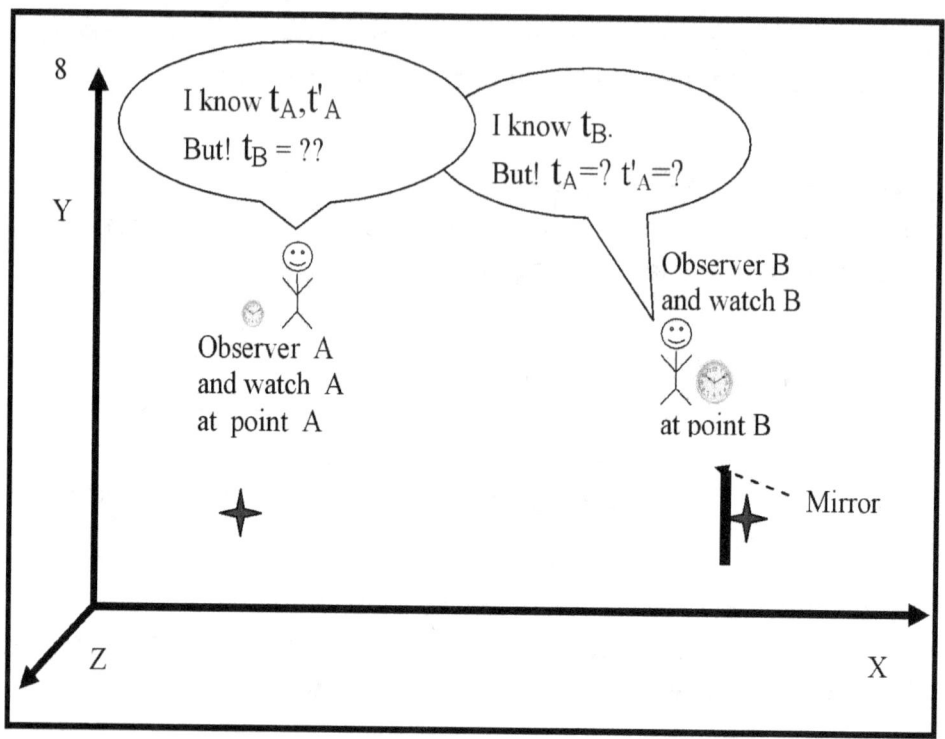

Але тоді жоден із спостерігачів, перший у точці A, а другий у точці B, не може написати математичний вираз ($t_B - t_A = t'_A - t_B$), за яким визначаються часові інтервали.

Оскільки математичний вираз неможливо записати, звідси випливає, що спостерігачі не можуть обчислити два інтервали часу. Якщо спостерігачі не можуть обчислити два часові інтервали, вони не можуть синхронізувати два годинники.

Виникає питання, чи дійсно Альберт Ейнштейн зробив помилку? Можливо, ми в нашому аналізі щось переплутали?

Наш аналіз і зроблені нами висновки правильні. Якщо в методі Альберта Ейнштейна використовується дзеркало для відображення світлового імпульсу, годинники не можуть бути синхронізовані.

Проблема в тому, що Альберт Ейнштейн не пояснив детально, як має бути реалізований уявний експеримент. Деталі дуже важливі, коли проводиться уявний експеримент, але, на жаль, Альберт Ейнштейн проігнорував цей факт.

У цій ситуації нам потрібно подумати і розглянути те, що хотів сказати Альберт Ейнштейн. Коли ми зрозуміємо ідею Альберта Ейнштейна, нам доведеться змінити спосіб і метод синхронізації двох годинників, а потім знову проаналізувати результати.

Ми вже зрозуміли, що спостерігач, який знаходиться в точці А, знає t_A і $т'_A$ але не знає моменту часу t_B і не може обчислити два інтервали часу та показати, що вони рівні.

Виникає запитання: як спостерігач у точці А зрозуміє числове значення моменту t_B?

Спостерігач А може зрозуміти числове значення моменту часу t_B (годинник, розташований у точці В), безпосередньо спостерігаючи за циферблатом годинника, розміщеним у точці В. Може бути саме такою була ідея Альберта Ейнштейна? Якщо так, то світловий промінь, який спостерігач А посилає до спостерігача В, повинен освітлювати циферблат годинника, розташований у точці В, і відбиватися циферблатом годинника В. Тоді в точці В не повинно бути дзеркала. слід розмістити дзеркало годинника спостерігача В.

Тепер ми крок за кроком детально, кількома малюнками покажемо суть нового мисленнєвого експерименту.

Дивіться малюнок 9.

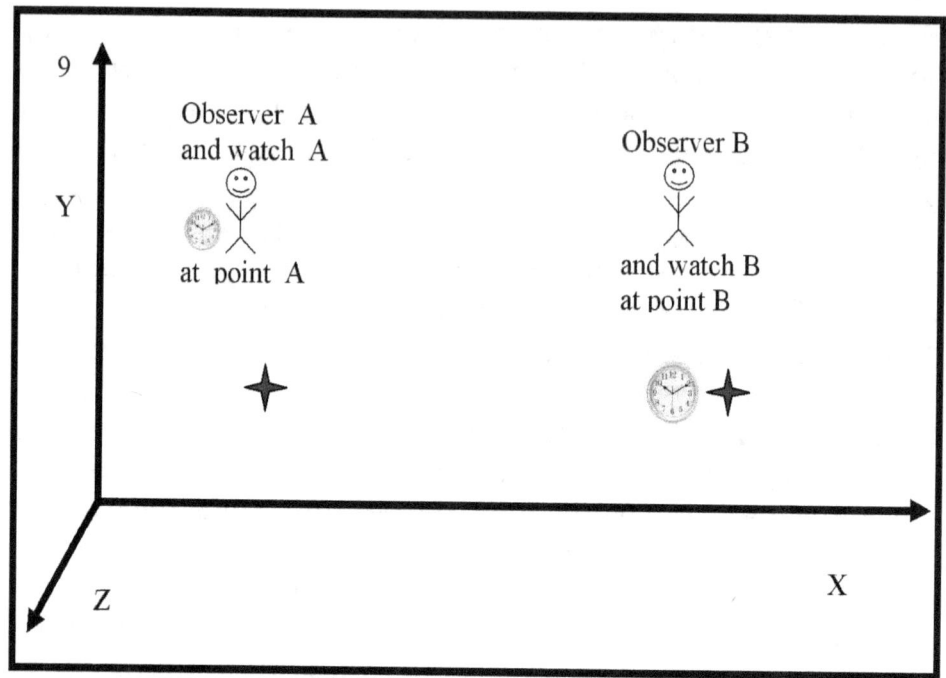

Два спостерігачі показані на малюнку 9. Перший спостерігач знаходиться в безпосередній близькості від точки А. Поруч із спостерігачем розміщено годинник А. Другий спостерігач знаходиться в безпосередній близькості від точки В. Годинник спостерігача В знаходиться в точці В (перед точкою В). На місце дзеркала встановлюють годинник спостерігача Б. Циферблат годинника В орієнтований на спостерігача А. Коли циферблат годинника А орієнтований на точку А, світловий імпульс освітлюватиме циферблат і відбиватиметься назад до спостерігача А.

Новий експеримент проводиться іншим способом. Початкові умови різні. Основна відмінність полягає в тому, що спостерігач, який знаходиться в точці А, повинен бачити положення стрілок годинника, розміщених у точці В, у момент, коли світловий промінь потрапляє на годинник В і освітлює циферблат годинника В.

У момент освітлення стрілки покажуть числове значення моменту часу t_B.

Виникає питання: як зробити так, щоб спостерігач А бачив точний момент освітлення циферблата годинника В?

Відповідь проста. Це означає, що дослід потрібно проводити в темряві. Тому при проведенні мисленнєвого експерименту ми «вимикаємо світло».

Дивіться малюнок 10.

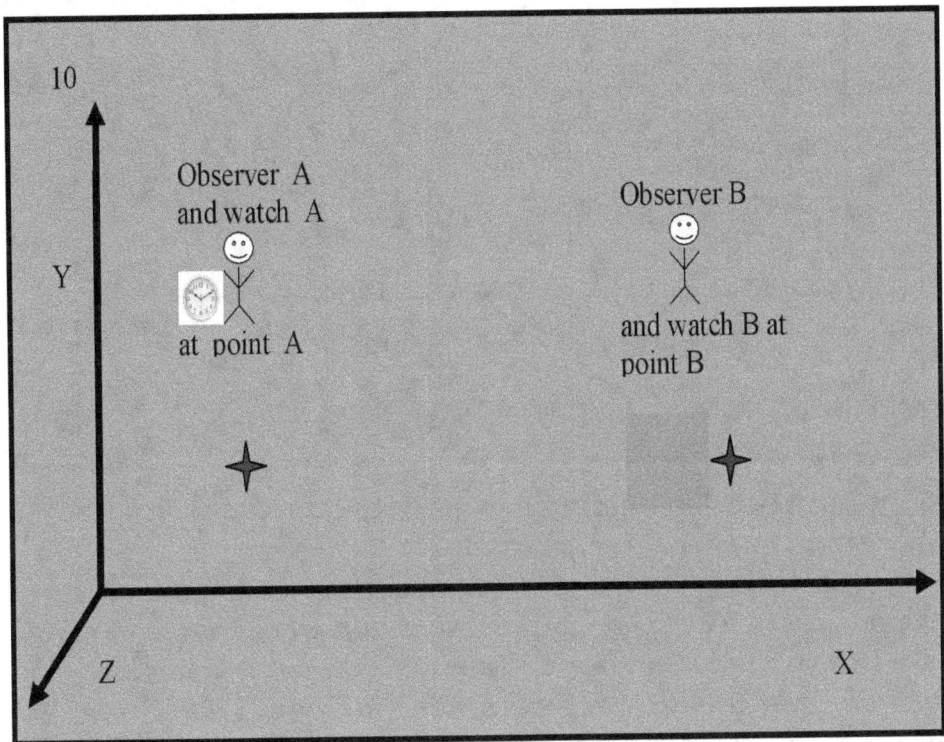

На малюнку 10 видно, що спостерігач, який знаходиться в точці А, бачить стрілки свого годинника А (які злегка підсвічуються), але не бачить стрілок годинника, розташованого в точці В, оскільки там темно.

Спостерігач, який знаходиться в точці В, не бачить стрілок свого годинника В. Спостерігач А посилає промінь світла до спостерігача В.

Дивіться малюнок 11.

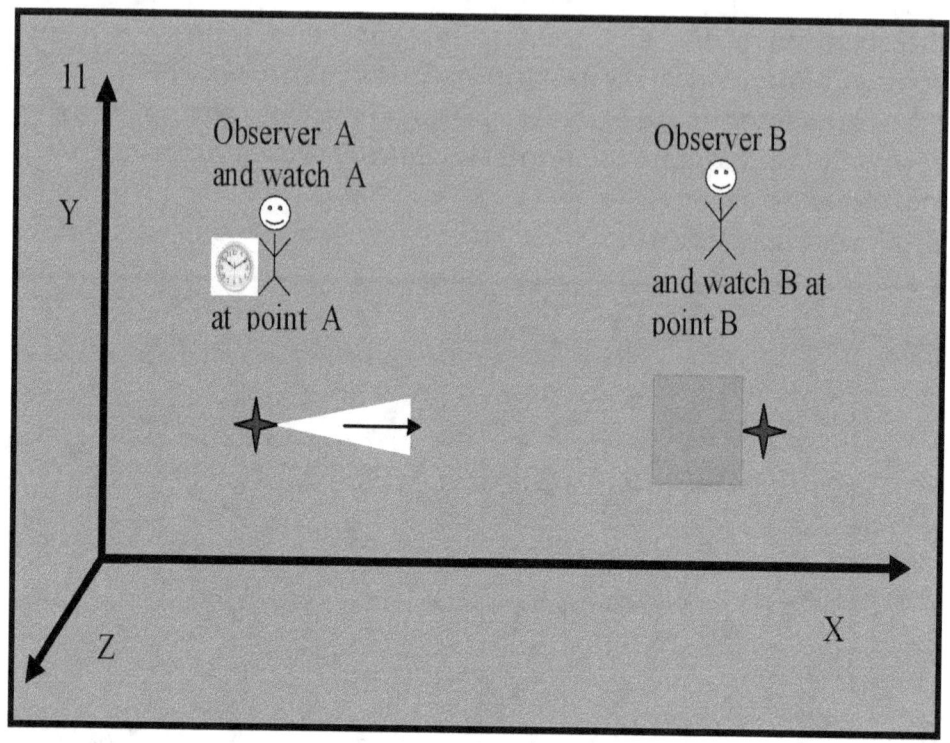

На малюнку 11 видно, що джерелом світлового імпульсу є ліхтарик, спрямований на годинник В.

Нагадаємо, що коли був проведений перший уявний експеримент, джерелом світлового імпульсу був лазер. Різниця між імпульсом лазерного світла та імпульсом світла ліхтарика є дуже важливим фактором. Ми побачимо, що саме ця різниця між світлом лазера та світлом ліхтарика змінює метод синхронізації двох годинників.

Виникнення початку світлового імпульсу є подією, яка відбувається в момент часу t_A. Спостерігач А визначає момент часу t_A за своїм годинником, який знаходиться в безпосередній близькості від точки А. Спостерігач у точці А запам'ятовує, що подія «виникнення світлового імпульсу» сталася в момент t_A.

Світловий промінь починає рухатися до спостерігача, який знаходиться в точці В. Початок світлового променя знаходиться десь між точками А і В.

Дивіться малюнок 12

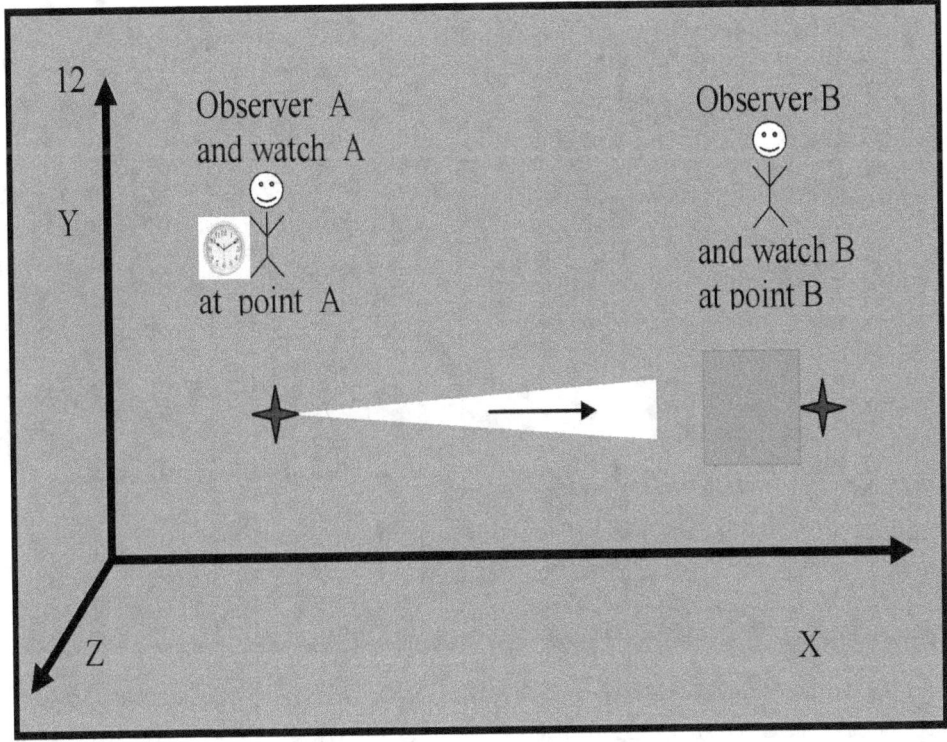

На рисунку 12 показано, що спостерігач у точці А не може спостерігати за рухом початку світлового променя. Але спостерігач, який знаходиться в точці А, знає (має інформацію), що початок світлового променя рухається до спостерігача, розташованого в точці В, і початок світлового променя буде відображено циферблатом годинника, розміщеним у точці В, і повернеться назад до , точка А.
Світловий промінь потрапляє в точку В і освітлює циферблат годинника, який знаходиться перед точкою В.
Дивіться малюнок 13 .

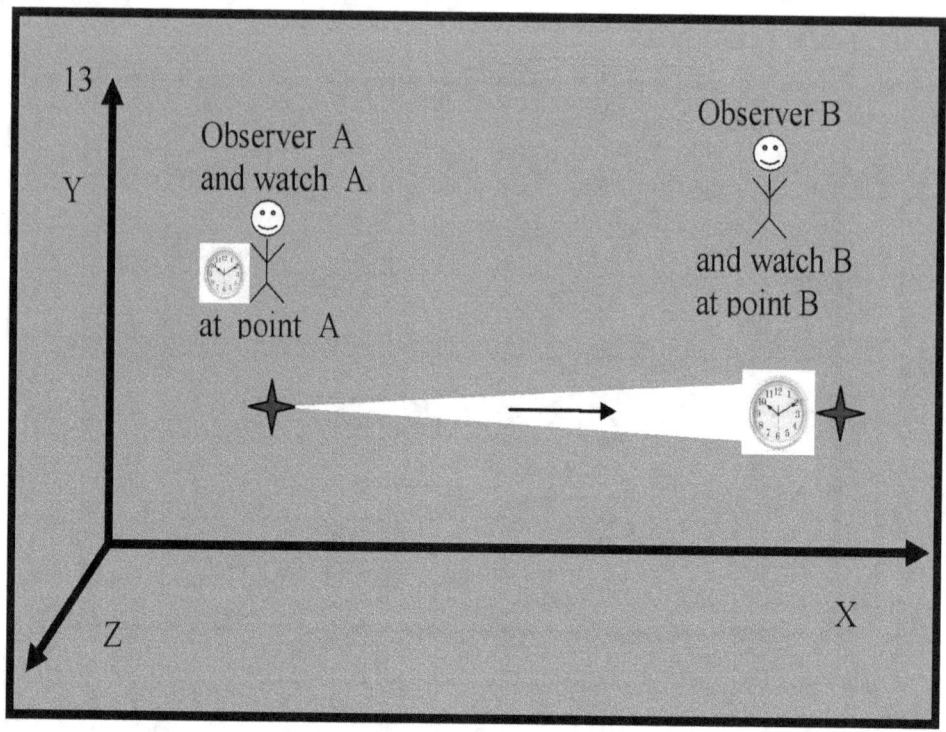

На малюнку 13 показано, що коли провідний фронт світлового променя освітлює циферблат годинника В, спостерігач у точці В побачить циферблат годинника В. Спостерігач, який знаходиться в точці В, побачить положення стрілок годинника В. Стрілки покажуть момент часу t_B.

Прихід світлового променя в точку В, освітлення циферблата годинника і відбиття світлового променя годинником — це три події, які відбуваються в один і той же момент часу t_B. Спостерігач у точці В зауважує, що ці три події (прибуття, освітлення та відбиття) відбуваються в один і той же момент часу t_B. Спостерігач, який знаходиться в точці В, пам'ятає, що прихід, освітлення і відбиття світлового променя відбулися в момент часу t_B.

Дуже важливо розуміти та пам'ятати, що коли спостерігач, який знаходиться в точці В, бачить стрілки освітленого годинника, розташованого в точці В (які вказують момент t_B), спостерігач, який знаходиться в точці А, не бачить годинник.

стрілки розташовані в точці В. Спостерігач А дивиться на годинник В, але бачить темряву. Це тому, що світловий промінь, який відбиває годинник В, ще не дійшов до спостерігача А.
Дивіться малюнок 14.

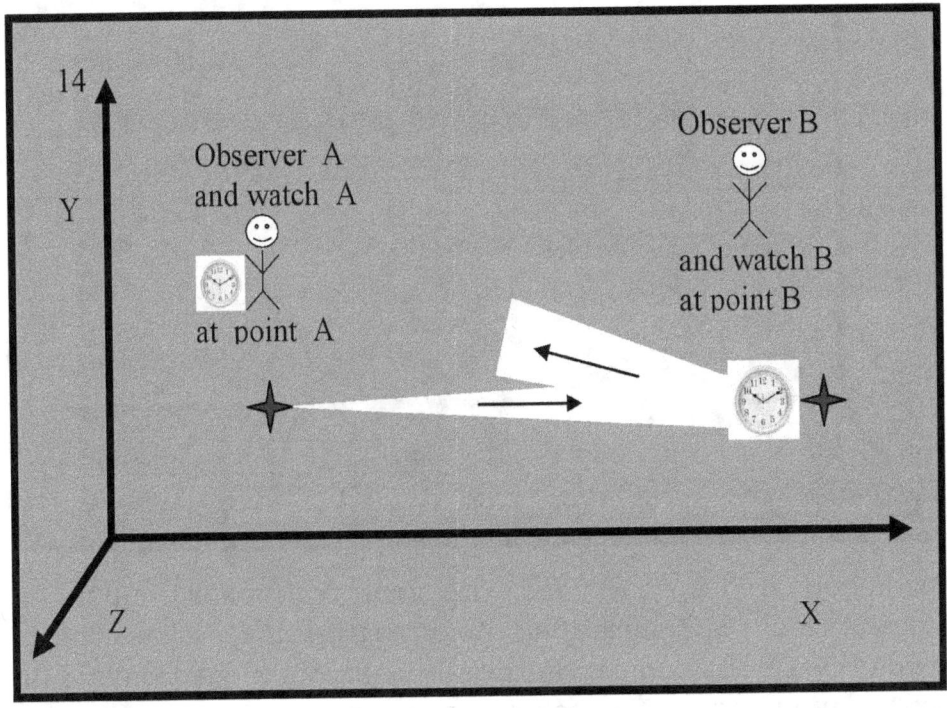

На малюнку 14 показано, що початок світлового променя знаходиться десь між двома спостерігачами.
Тільки тоді, коли відбитий промінь дійде до спостерігача А, він побачить підсвічування годинника в точці В.
Відбиття променя світла від циферблата годинника, розташованого в точці В, є дуже важливим елементом експерименту, який ми проводимо. Відображення світлового променя циферблатом годинника принципово відрізняється від відбиття лазерного променя дзеркалом.
Після відбиття циферблатом годинника В початок світлового променя несе світлове зображення на освітленому циферблаті годинника, розташованому в точці В.

Дивіться малюнок 15.

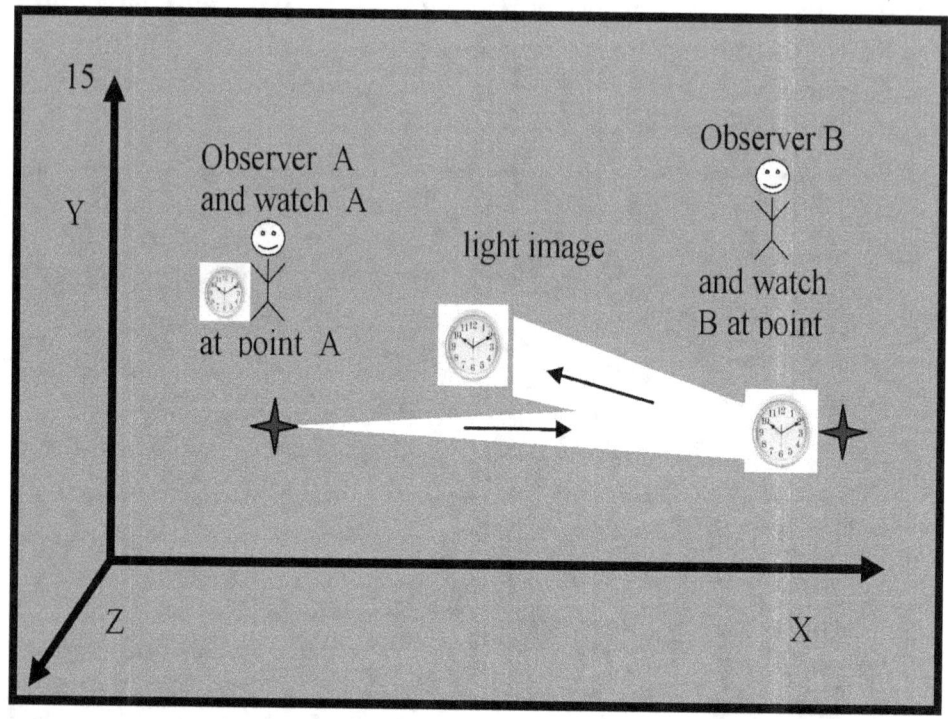

Малюнок 15 показує, що початок світлового променя «запам'ятав» розташування стрілок годинника, розташованих у точці В. Це головна відмінність між двома експериментами, які ми аналізуємо. Під час проведення першого експерименту світловий імпульс походить від лазера, який відбивається дзеркалом і не несе світлового зображення. Відбитий імпульс лазерного світла - це звичайний світловий відблиск.

Цей факт дуже важливий, тому необхідно розуміти і пам'ятати, що в другому експерименті початок світлового променя несе *інформацію* про розташування стрілок годинника, розміщених в точці В. Це *інформація* про кількісне, числове значення момент часу t_B.

Світловий імпульс знаходиться десь між точками А і В.
Спостерігач у точці А і спостерігач у точці В не можуть спостерігати за рухом світлового імпульсу, але вони знають, що імпульс рухається від точки В до точки А і що він

несе світлове зображення освітленого циферблата годинника, розташованого в точці Б.
Дивіться малюнок 16.

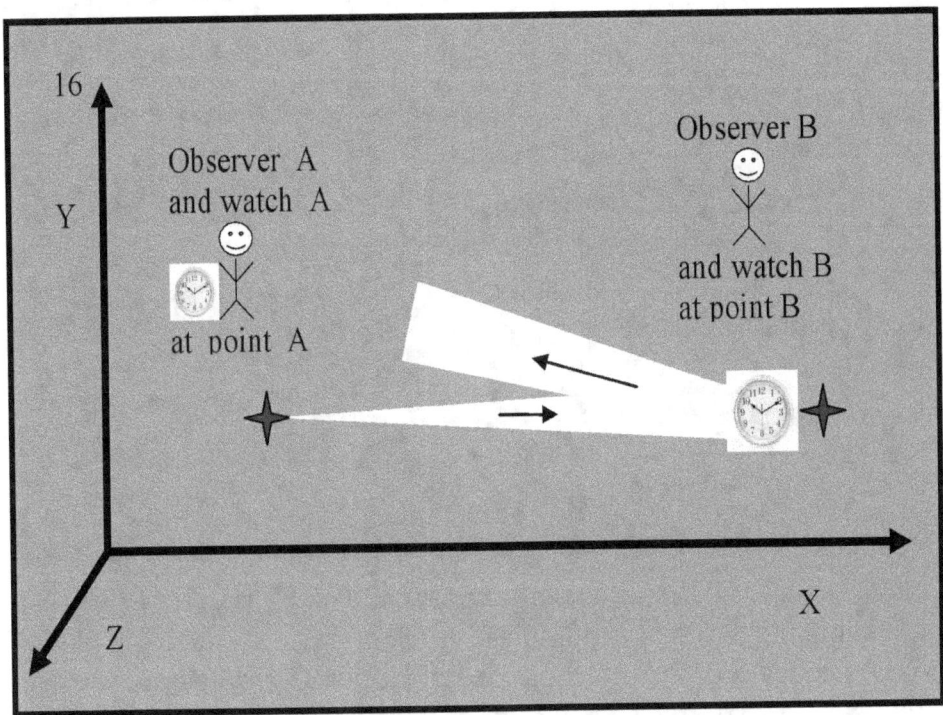

На малюнку 16 не показано світлове зображення освітленого циферблата годинника, розташованого в точці В, але спостерігачі і ми знаємо, що воно там є.
Світловий імпульс надходить у точку А.
Дивіться малюнок 17.

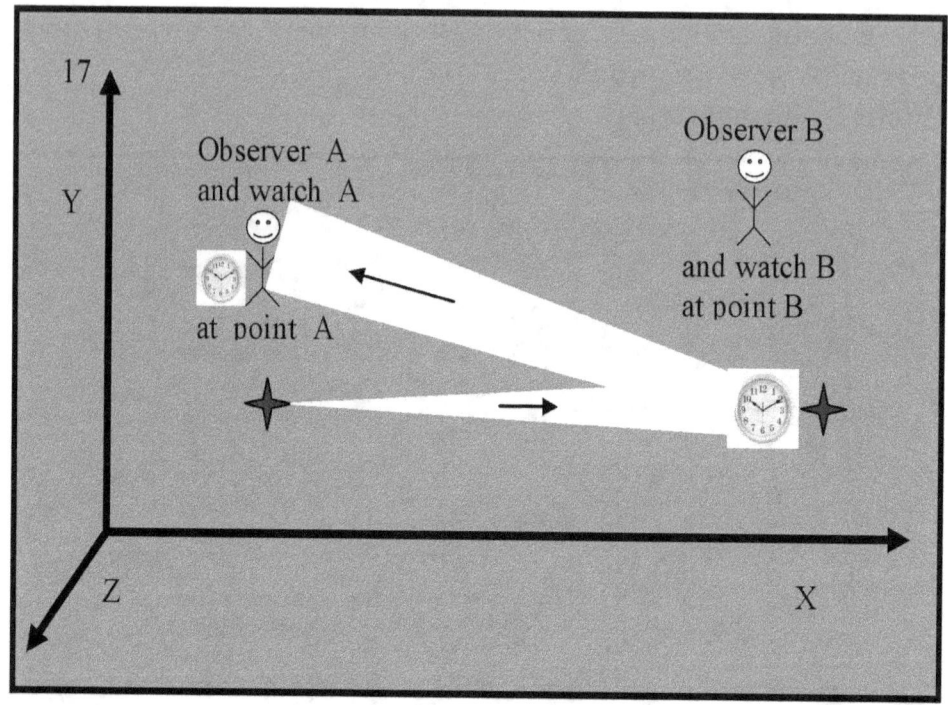

На малюнку 17 показано, що коли світловий імпульс досягне спостерігача А, він побачить циферблат годинника, який знаходиться в точці В. Початок світлового імпульсу вказує на положення стрілок годинника в точці В. Положення стрілок годинника В показує момент часу t_B. Коли спостерігач, який знаходиться в точці А, побачить положення стрілок годинника В, він отримає інформацію про кількісне значення (числове значення) моменту часу t_B.

Це відбувається в момент t'_A. Спостерігач у точці А зауважує, що надходження світлового імпульсу та отримання інформації відбувається в момент часу t'_A. Вимірювання моменту часу t'_A зчитується за показаннями годинника, розташованого в точці А. Спостерігач в точці А запам'ятовує момент часу t'_A, тому що момент часу t'_A необхідний для синхронізації двох годинники.

Те, що ми сказали, дуже важливо. Слід розуміти і пам'ятати, що:

У момент часу t'_A спостерігач А отримує інформацію про час

t_B.

Мистецький експеримент із синхронізації двох годинників завершено. Після виконання мисленнєвого експерименту спостерігач А і спостерігач Б отримали такі результати:

Результати спостерігача В:

Спостерігач у точці В знає, що світловий імпульс надійшов у точку В у момент часу t_B і був відбитий дзеркалом у момент часу t_B, записаний його годинником.

Спостерігач у точці В не знає числового значення моменту часу (t_A), коли світловий імпульс вийшов із точки А, і не знає числового значення моменту часу (t'_A), коли світловий імпульс вийшов повернувся в точку А. Щоб синхронізувати два годинники (за Альбертом Ейнштейном), повинна бути виконана така умова:

$t_B - t_A = t'_A - t_B$

Щоб математичний вираз був записаний, спостерігач, який знаходиться в точці В, повинен знати три числові значення моментів часу t_A, t_B і t'_A.

Спостерігач В не знає трьох числових значень моментів часу t_A, t_B і t'_A. Тому спостерігач В не може синхронізувати два годинники.

Результати спостерігача А:

Спостерігач у точці А знає числове значення часу t_A, коли світловий імпульс вийшов із точки А.

Спостерігач у точці А знає числове значення моменту часу t_B, коли світловий імпульс прийшов у точку В.

Спостерігач у точці А знає числове значення часу t'_A, коли світловий імпульс прибув назад у точку А.

Альберт Ейнштейн каже, що для синхронізації двох годинників необхідно виконати наступну умову:

$t_B - t_A = t'_A - t_B$

Спостерігач А знає три числові значення моментів часу t_A, t_B і t'_A.

Спостерігач А пише рівняння, розв'язує його, і, згідно з Альбертом Ейнштейном, цього достатньо, і годинники синхронізуються. Експеримент, який ми проводимо, успішно завершився.

Чи справді так?

Відповідь на це питання : Ні !

Висновок про успішне завершення експерименту не відповідає дійсності. Зараз ми покажемо, що годинники можуть не синхронізуватися.

Відповідно до методу Альберта Ейнштейна, момент часу t_B повинен знаходитися в середині інтервалу між t_A і t'_A, і тоді годинники синхронізуються. Нагадаємо:

З восьмої до десятої — дві години, а з десятої до дванадцятої — дві години. Десять знаходиться в середині діапазону від восьмої до дванадцятої, а потім годинники синхронізуються. Для Альберта Ейнштейна це найважливіше.

Але ми стверджуємо, що:

Десятка може бути в середині інтервалу, а годинники не синхронізовані.

І це:

Десятка не могла бути в середині інтервалу, а годинники синхронізовані.

Що це за таємниця і як це можливо?!

Можливо, тому що ми забули дуже важливий факт:

У момент часу t' спостерігач А отримує інформацію про момент часу t_B від іншого годинника.

Отримання інформації про момент часу t_B змінює весь спосіб синхронізації.

Напишемо числовий приклад ще раз.

Світловий імпульс відходить о eight o'clock, за двома годинниками, прибуває о ten o'clock, і повертається за twelve o'clock, за двома годинниками.

Найголовніше зосереджено в терміні «за двома годинниками». Це означає, що спостерігач А (або спостерігач Б) повинен бачити збіг подій. Випадковостей три.

Перший збіг:

Збіг події, що відбулася в момент часу eight o'clock, на думку А, з подією, що відбулася в момент часу eight o'clock, на думку Б.

Другий збіг:

ПЕРША ПОМИЛКА ЕЙНШТЕЙНА

Збіг події, що відбулася в момент часу ten o'clock, згідно з А, з подією, що відбулася в момент часу ten o'clockзгідно з В.
Третій збіг:
Збіг події, що відбулася в момент часу twelve o'clock, згідно з А, з подією, що відбулася в момент часу twelve o'clockзгідно з В.
Якщо спостерігач А або спостерігач Б не бачать три збіги подій, годинники не можуть бути синхронізовані.
Ми стверджуємо, що:
Коли спостерігач А або спостерігач Б отримує інформацію про настання події, він не може спостерігати збіг настання цієї події з настанням іншої події. Тоді спостерігач не може синхронізувати два годинники.
Тепер ми знову проведемо експеримент уважно, не поспішаючи, і зробимо детальний аналіз.
Щоб було зрозуміло, перегляньте малюнок 18.

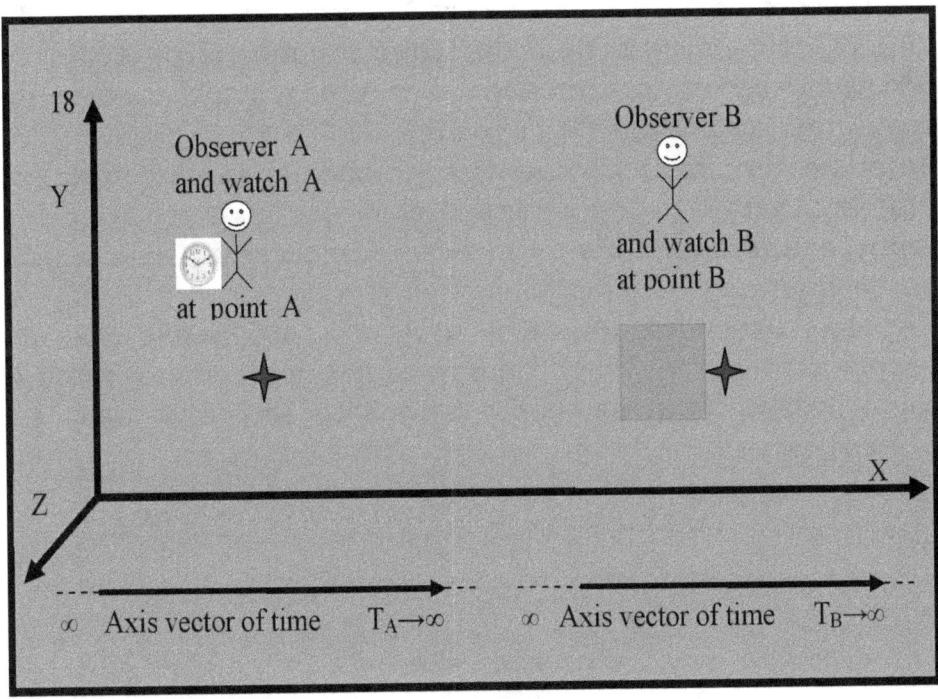

На малюнку 18 зображено спостерігача А, який бачить годинник А, але не бачить годинника В, оскільки годинник В не освітлений. Спостерігач В, який знаходиться в точці В, не бачить годинника В, тому що годинник В не освітлений.

лівій частині малюнка зображено два вектори . Це координатна вісь часу. Ліва вісь часу (показана на малюнку) показує, як рухається час годинника А, права показує, як рухається час годинника В. Дві осі часу починають свій початок у нескінченному далекому минулому і продовжуватимуть рости у нескінченному далекому майбутньому. Дві осі часу незалежні одна від одної, тому що вони складаються з двох незалежних годинників А і В. На осях позначимо моменти часу годинника А і годинника В.

Таким чином ми порівняємо моменти часу між спостерігачем А та спостерігачем Б. Ми зможемо зрозуміти, який момент часу бачить спостерігач А, коли спостерігач Б дивиться на свій годинник, і навпаки – який момент часу бачить спостерігач Б, коли спостерігач А дивиться на свій годинник.

Спостерігач А посилає промінь світла до спостерігача Б.

Джерелом світлового променя є ліхтарик, спрямований на годинник, що знаходиться в точці В.

Виникнення світлового променя — це подія , яка відбувається в момент часу t_A. Спостерігач А визначає момент часу t_A за своїм годинником, що знаходиться в безпосередній близькості від точки А.

Числове значення моменту часу t_A зображено на осі координат (векторі часу) годинника А. Спостерігач у точці А запам'ятовує, що подія «поява світлового імпульсу» сталася в момент часу t_A.

Дивіться малюнок 19 .

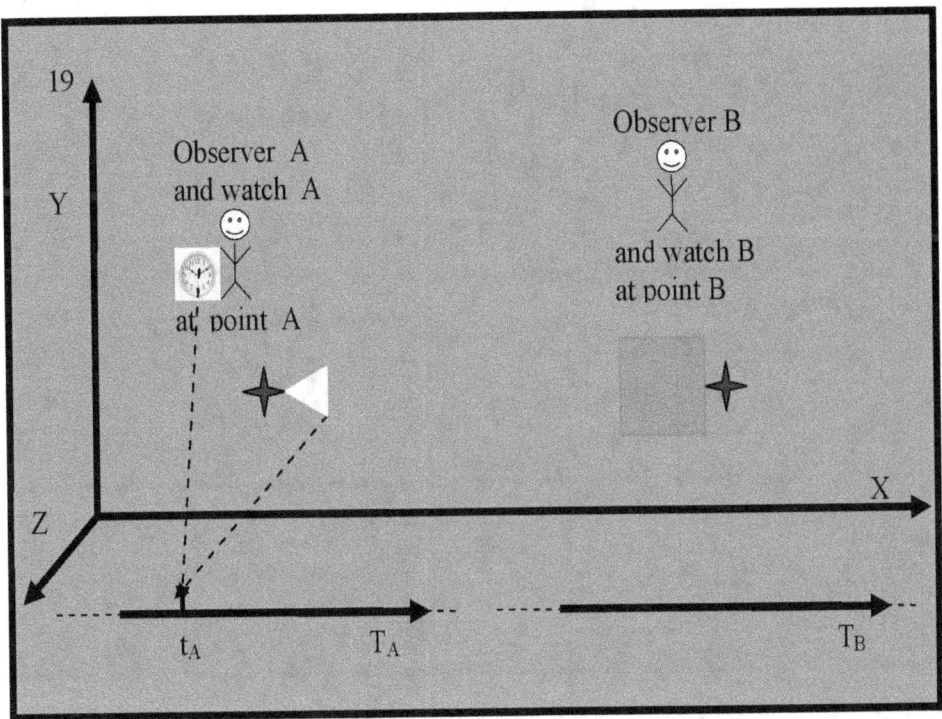

На малюнку 19 показано дві розривні стрілки, направлені до моменту часу t_A. Перша стрілка йде від годинника до моменту часу t_A. Це показання годинника. Секундна стрілка починається з початку світлового променя, вказуючи, що світловий промінь з'явився в момент часу t_A. Коли годинник спостерігача А показує час t_A, тоді годинник спостерігача В покаже деякий час t_{BA}.

Дивіться малюнок 20

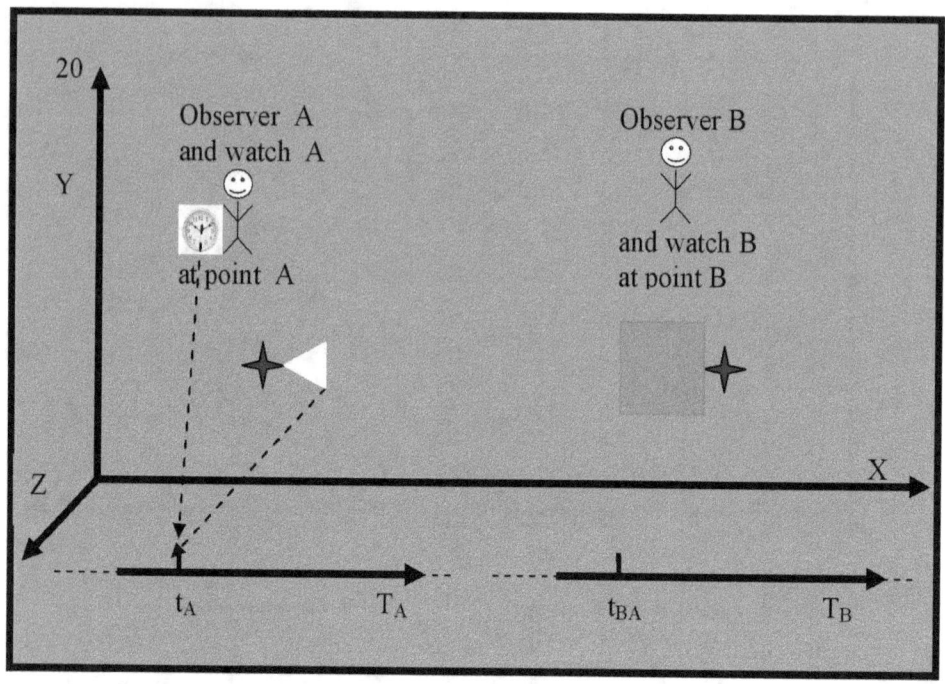

На малюнку 20 зображено момент часу t $_{BA}$, який знаходиться на векторі T $_B$ годинника B. Якщо припустити, що годинник B і годинник A вимірюють і показують однаковий час, то момент часу tA повинен дорівнювати моменту часу. tBA.
Виникають два питання.
Перше запитання:
Чи може спостерігач A зрозуміти, що момент часу tA (виміряний за його годинником) дорівнює моменту часу tBA (виміряний годинником B)?
Відповідь - ні.
Це тому, що спостерігач A дивиться на годинник B, але там темно. Темно тому, що циферблат годинника Б не освітлюється променем світла. Коли промінь світла потрапляє на годинник B і, відбиваючись циферблатом годинника B, повертається до спостерігача A, тоді спостерігач A побачить момент часу t $_{BA}$ на годиннику B. Коли спостерігач A побачить момент часу t $_{BA}$ на годиннику B, він подивиться на свій годинник і порівняє час t $_{BA}$ годинника B з часом свого

годинника. Його годинник показуватиме інший час, який не дорівнює моменту t_{BA}. Це тому, що світло рухається зі швидкістю триста тисяч кілометрів на секунду і проходить відстань між точками В і точками А за реальний інтервал часу. Цей реальний інтервал є затримкою, відрахованою годинником А.

Спостерігач А не може спостерігати за появою двох подій (виникнення моментів часу), не може порівнювати два моменти часу (t_A і t_{BA}) і не може синхронізувати два годинники.

Друге питання :

Чи може спостерігач В зрозуміти, що tA дорівнює tBA ?

Відповідь - ні. Це пояснюється тим, що спостерігач В бачить годинник спостерігача А (який злегка освітлений), але не бачить виникнення події «світлового променя» з точки А, тому що початок світлового променя лежить десь між точками А і точками В.

Початок світлового променя і показання годинника А, на момент часу tA рухаються разом.

Дивіться малюнок 21.

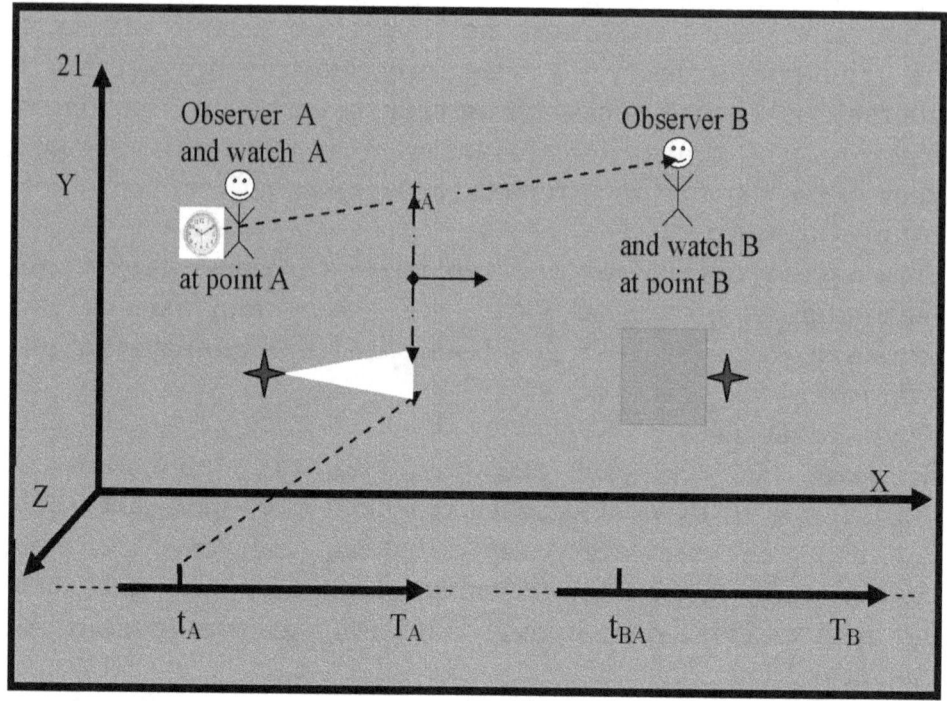

На малюнку 21 показано, що світлове зображення годинника А рухається по переривчастій стрілці, яка з'єднує годинник А зі спостерігачем В.

Спостерігач В побачить подію «відхід світлового променя» лише тоді, коли початок світлового променя досягне спостерігача В і висвітлить циферблат годинника В.

Важливо те, що спостерігач В не може побачити збігу події «момент часу t_{BA} годинника А» з подією «момент часу t_{BA} годинника В».

Спостерігач В не може зрозуміти, чи дорівнює t_A t_{BA} і не може визначити момент часу t_{BA}.

Момент часу t_{BA} не може бути визначений двома спостерігачами. Тому на наступних малюнках момент часу t_{BA} не показано на векторі часу годинника В.

На цьому етапі експерименту спостерігачі не можуть синхронізувати два годинники.

Світловий імпульс продовжує рухатися до спостерігача, який знаходиться в точці В.

Дивіться малюнок 22.

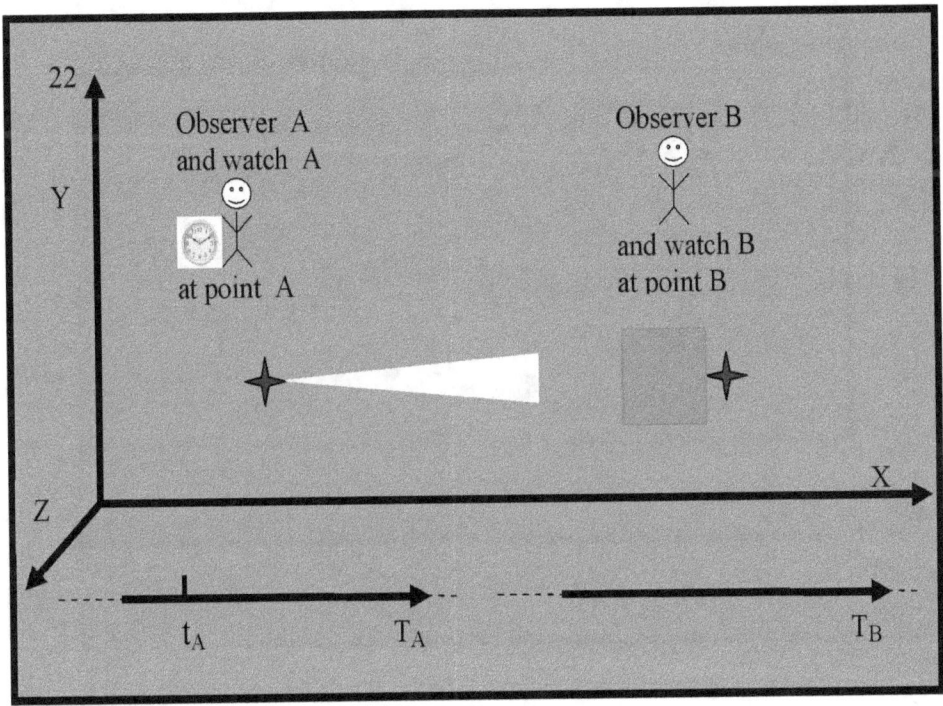

На рисунку 22 показано, що початок світлового імпульсу знаходиться десь між точками А і В. Спостерігач А і Б не можуть спостерігати за рухом світлового імпульсу. Але спостерігач В і спостерігач А знають, що початок світлового імпульсу рухається до точки В. Вони мають інформацію, що промінь рухається.

Початок світлового променя потрапляє в точку В і освітлює циферблат годинника В. Спостерігач у точці В дивиться на освітлений циферблат годинника і бачить, що, згідно з його годинником, числове значення моменту часу, є tB.

Дивіться малюнок 23.

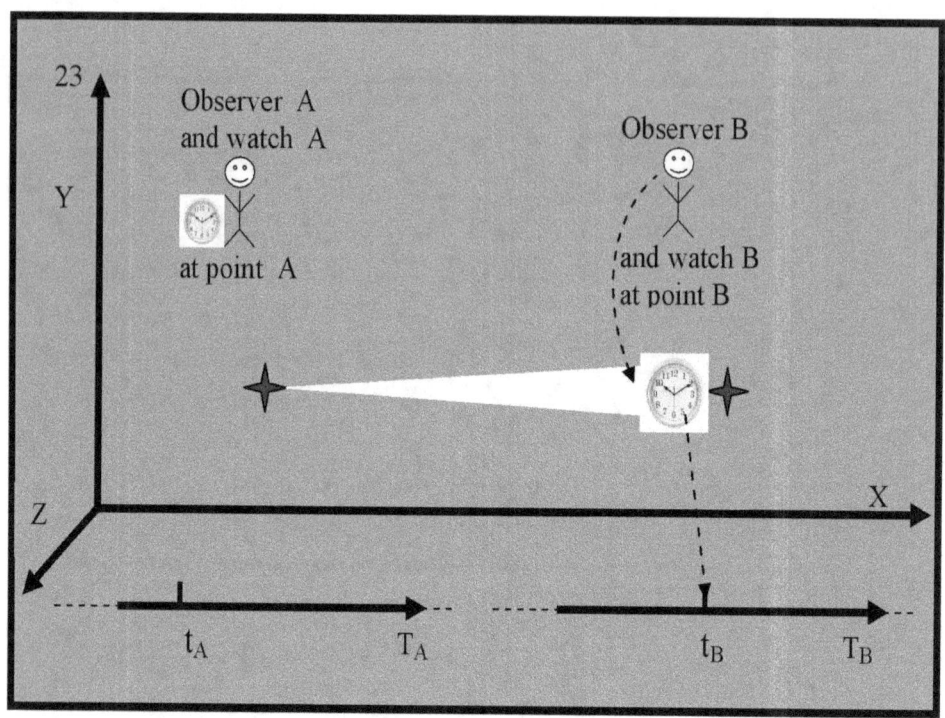

На рисунку 23 на осі часу годинника В зображено момент часу t_B.

Коли спостерігач В побачить стрілки годинника В, що показують момент часу t_B, стрілки годинника спостерігача А покажуть якийсь момент часу t_{AB}.

Дивіться малюнок 24.

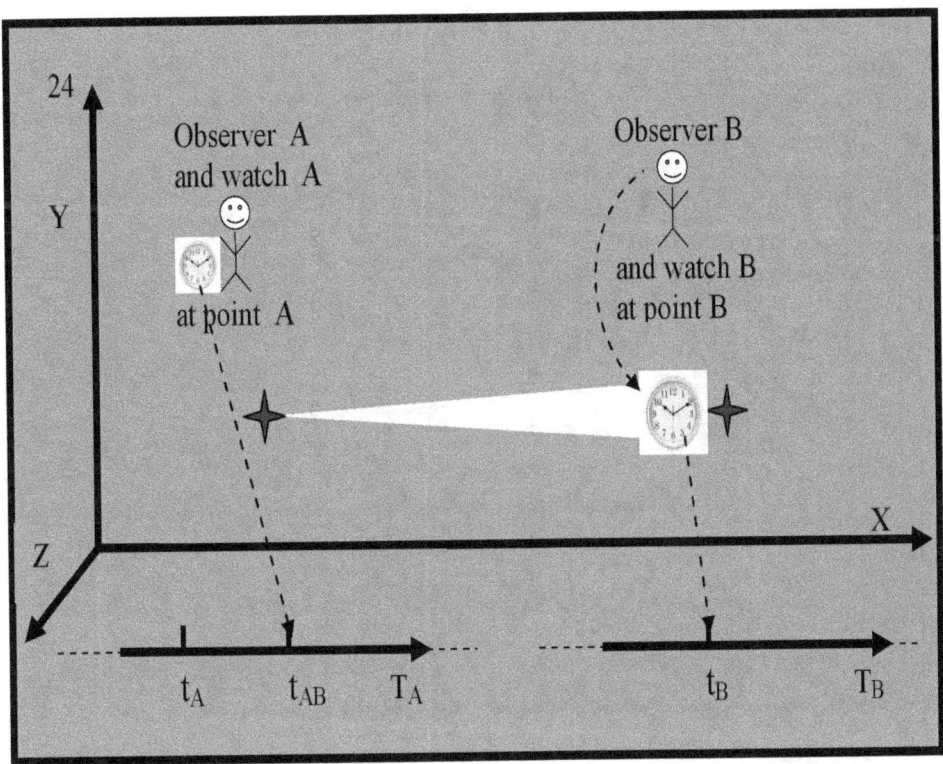

На малюнку 24 пунктирна стрілка показує момент часу tAB годинника A.

Якщо припустити, що годинник B і годинник A вимірюють і показують однаковий час, то момент часу tB повинен дорівнювати часу tAB.

Виникають два питання.

Перше запитання:

Чи може спостерігач Б зрозуміти, що t_B дорівнює t_{AB} і побачити збіг події «настання моменту часу» tB " з подією „ настання моменту часу et AB "?

Відповідь - ні . Спостерігач Б не може бачити показання стрілок годинника спостерігача A (момент часу tAB).

Дивіться малюнок 25.

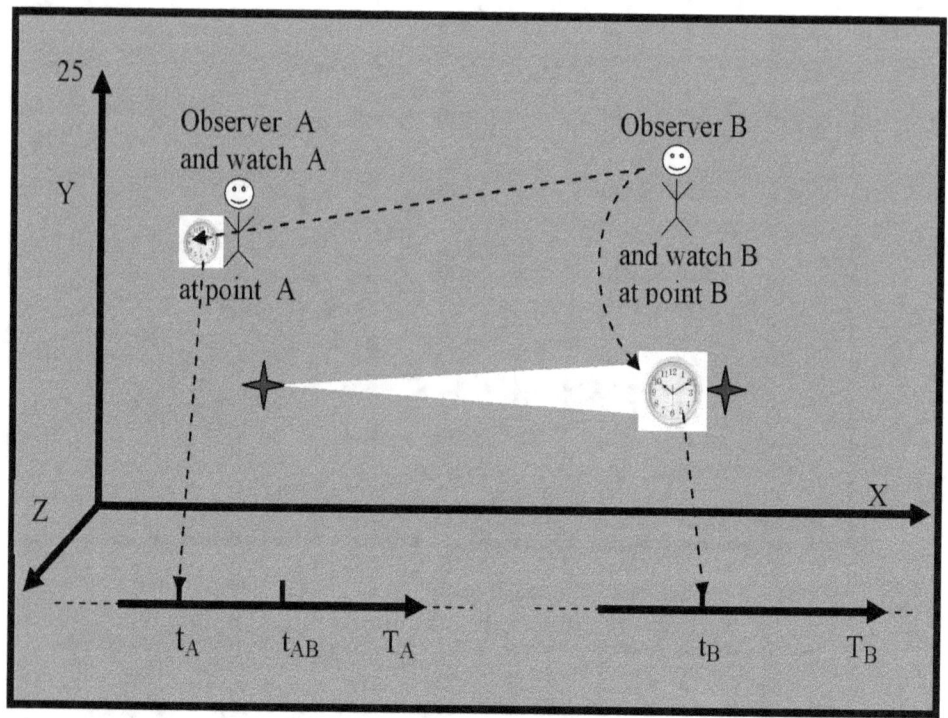

На малюнку 25 видно, що спостерігач B побачить показання стрілок годинника A, які покажуть момент часу tA. Це відбувається тому, що коли спостерігач B дивиться на годинник спостерігача A, він побачить світлове зображення годинника A. Ми вже пояснювали, що це світло, яке відбивається циферблатом годинника A і приносить інформацію про показання, стрілки годинника A. Світлове зображення годинника A рухається разом із початком світлового імпульсу. Початок імпульсу і зображення прибудуть в точку B разом, і це станеться в момент часу t_B, виміряний годинником B.
Коротше кажучи, коли світловий імпульс освітлює годинник B, спостерігач B побачить на своєму годиннику B момент часу t_B і побачить на годиннику A момент часу tA. На цьому етапі нашого експерименту спостерігач Б не може довести, що годинники синхронізовані.
Друге питання:

Чи може спостерігач A зрозуміти, що момент часу tAB (виміряний його годинником A) дорівнює моменту часу tB (виміряний годинником B)?

Відповідь - ні. Це тому, що спостерігач A дивиться на годинник B, але там темно. Це темно, тому що відбитий промінь світла ще не досяг спостерігача A. Див. малюнок 23. Коли промінь світла повернеться назад до спостерігача A, лише тоді спостерігач A побачить момент часу tB годинника B.

Коли спостерігач A бачить момент t_B годинника B, він дивиться на свій годинник і порівнює час tB на годиннику B з часом свого годинника A. Його годинник показуватиме інший час t'_A, який не дорівнює моменту часу t_B, і який не дорівнює моменту часу tAB. Спостерігач A не може побачити збіг події моменту часу tB годинника B з моментом часу події tAB годинника A.

Це тому, що світло рухається зі швидкістю триста тисяч кілометрів на секунду і проходить відстань між точками B і точками A за реальний інтервал часу. Цей реальний інтервал є затримкою, відрахованою годинником A. Спостерігач A не може визначити час t_{AB} і не може синхронізувати два годинники.

На цьому етапі експерименту спостерігачі A і B не можуть синхронізувати два годинники.
Початок світлового променя відбивається циферблатом годинника B і починає рухатися до спостерігача A.
Дивіться малюнок 26.

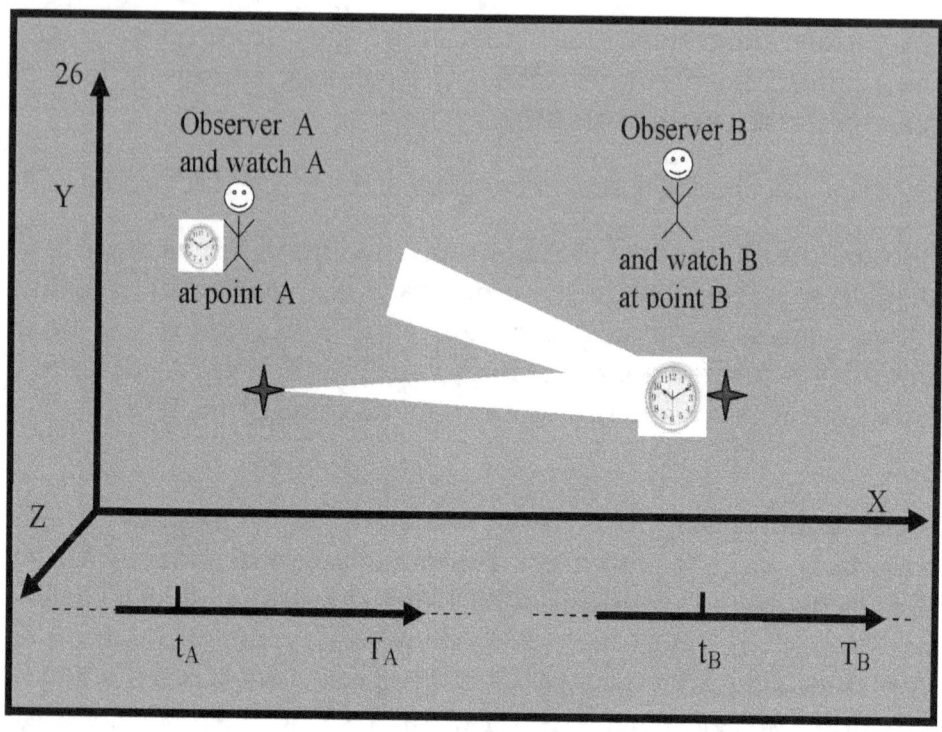

На малюнку 26 показано, що час tAB не показано на часовій осі годинника A, оскільки він не визначений.

Початок світлового променя несе інформацію про покази стрілок годинника B.

Початок світлового променя досягає спостерігача A.

Дивіться малюнок 27.

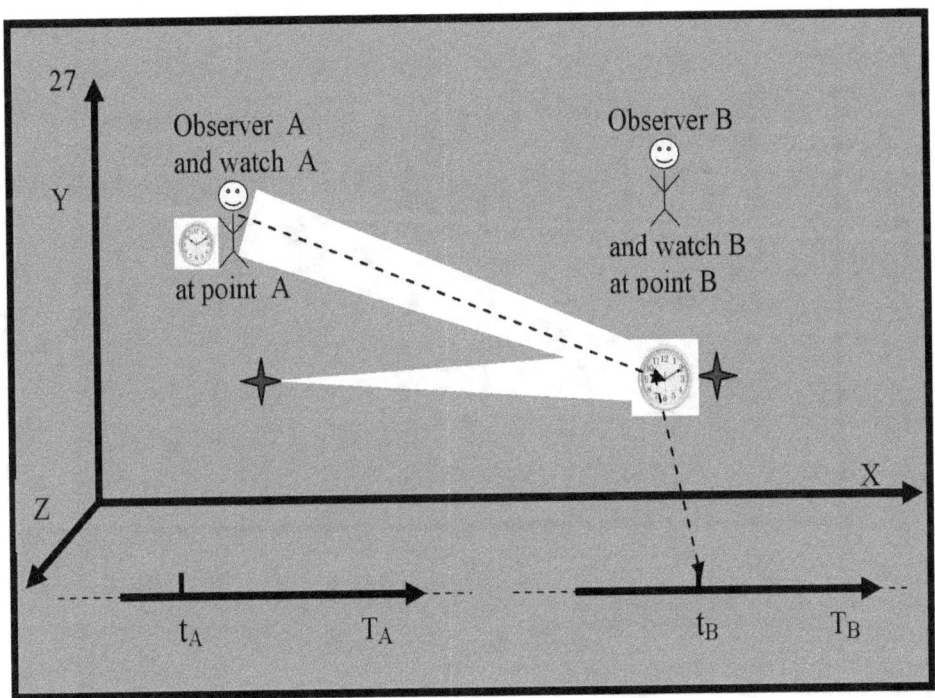

На малюнку 27 видно, що спостерігач А бачить світлове зображення циферблата годинника В і стрілки годинника В, які показують момент часу t_B.
, що це відбувається в момент часу t'_A.
Дивіться малюнок 28.

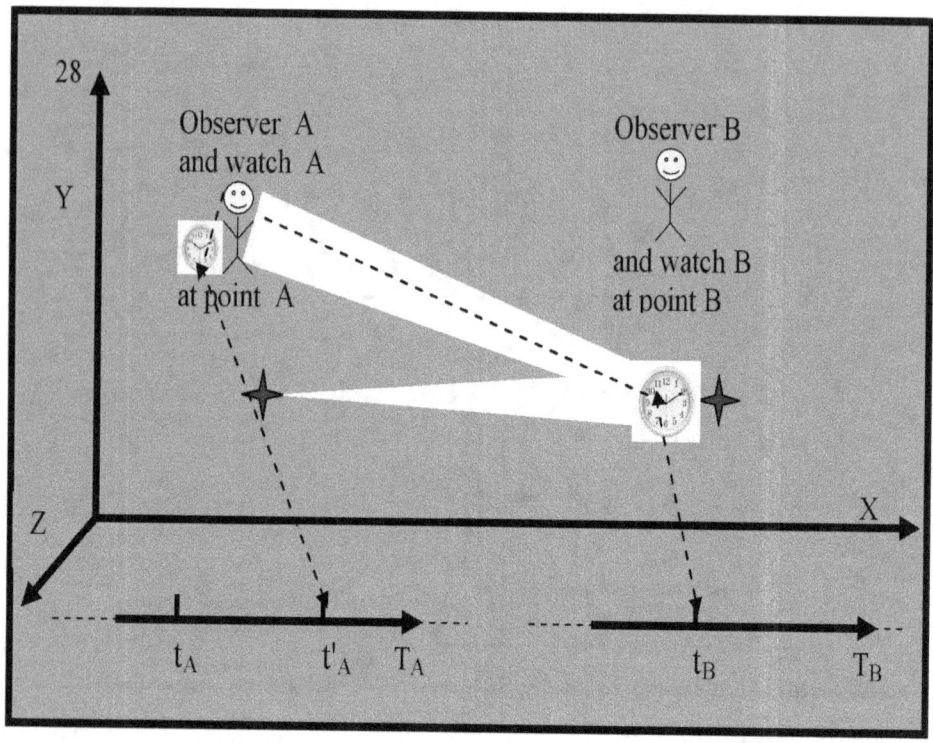

Коли спостерігач A побачить стрілки свого годинника A, які показують момент часу t'_A, стрілки годинника B покажуть якийсь момент часу t_{BA}.

Дивіться малюнок 29.

ПЕРША ПОМИЛКА ЕЙНШТЕЙНА

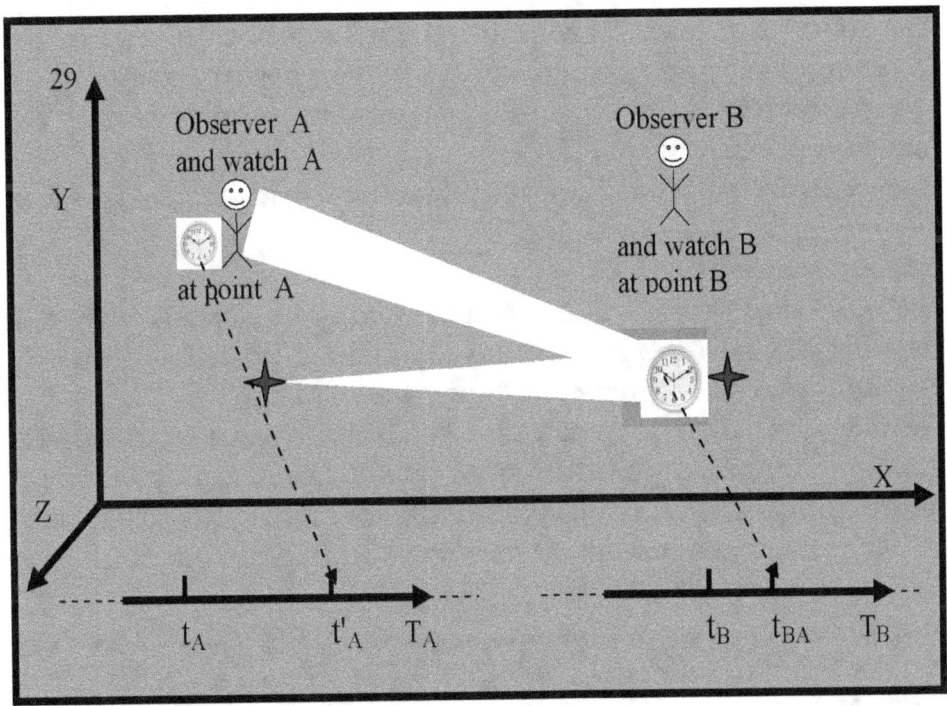

На малюнку 29 показано, що бачить спостерігач А за своїм годинником і що бачить спостерігач Б за своїм годинником.

Якщо вважати, що годинники працюють синхронно, то момент часу t_{BA} повинен дорівнювати моменту часу t'_A.

Виникають два питання.

Перше запитання:

Чи може спостерігач А зрозуміти, що момент часу t'_A (виміряний його годинником) дорівнює моменту часу t_{BA} (виміряний годинником В)?

Відповідь - ні.

Це тому, що спостерігач А дивиться на годинник В, але там він бачить момент часу t_B, через який час спостерігач А встановлює час t'_A. На годиннику В знаходиться світлове зображення стрілок годинника В, які показують момент часу t_{BA}.

Коли світлове зображення стрілок годинника В, які показують момент часу t_{BA}, повернеться до спостерігача А, тільки тоді спостерігач А побачить момент часу t_{BA} годинника В.

Але коли це станеться, годинник А покаже зовсім інший час. Спостерігач А , не може побачити збігу моменту часу події t'$_A$, (виміряного його годинником) з подією, моментом часу t$_{BA}$ (виміряного годинником В).
Спостерігач А не може зрозуміти та довести , що годинники синхронізовані.
Друге питання:
Чи може спостерігач В якось зрозуміти, що момент часу t$_{BA}$ (виміряний на його годиннику) дорівнює моменту часу t'$_A$ (виміряний годинником А)? Відповідь — ні.
Це пояснюється тим, що спостерігач В дивиться на годинник А і побачить стрілки годинника А, які покажуть деякий час t$_{AB}$, який відрізняється від часу t'$_A$. Числове значення цього часу t$_{AB}$ буде десь між моментом часу t$_A$ та моментом часу t'$_A$.
Дивіться малюнок 30.

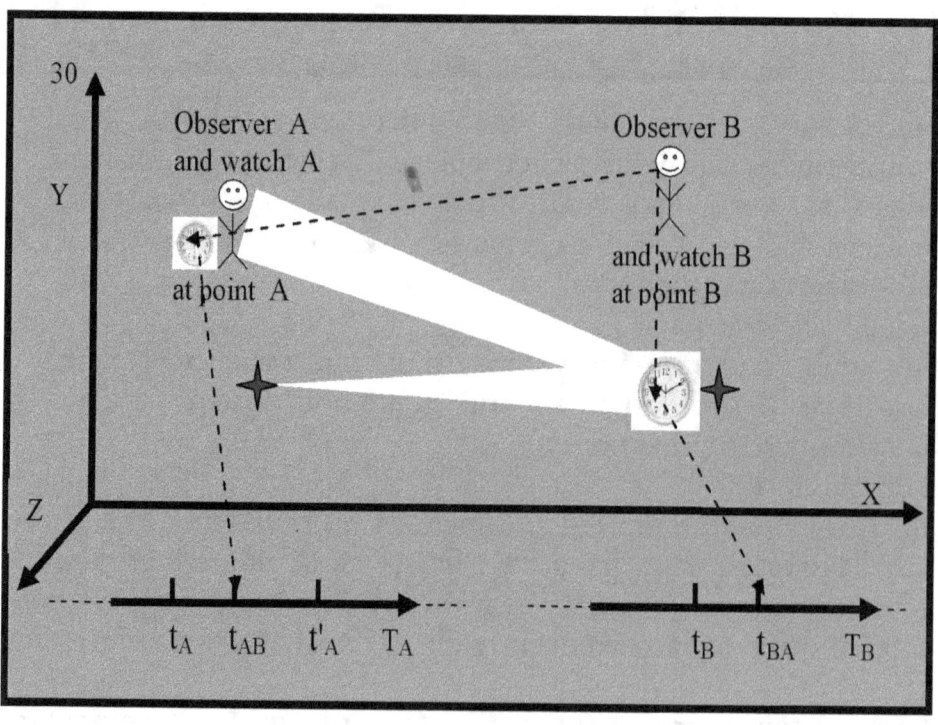

Малюнок 30 показує, що побачить спостерігач Б. На годиннику А він побачить момент часу t$_{AB}$ на годиннику В він

побачить момент часу t_{BA}. Момент часу t_{AB} відрізняється від моменту часу t_{BA}.

Ми завершили другий експеримент, проведений у темряві. Ми ретельно і детально проаналізували рух світлового променя і зрозуміли, як зчитуються моменти часу двох годинників. Підведемо підсумки.

Дивіться малюнок 31.

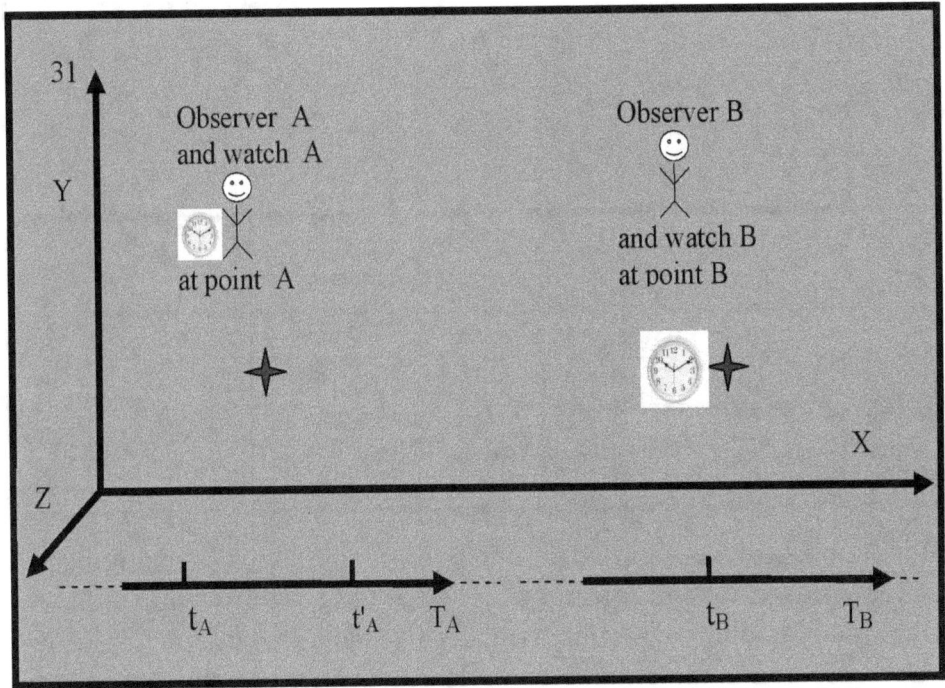

На малюнку 31 показано, які моменти часу бачив спостерігач А через свій годинник, а які моменти часу бачив спостерігач Б через свій годинник.

Спостерігач В побачив на своєму годиннику момент часу t_B, коли циферблат годинника В світиться

Спостерігач А побачив на своєму годиннику момент часу t_A (поява світлового променя), момент часу t'_A (повернення променя світла та момент часу t_B годинника В).

Ми покажемо цей факт на наступному малюнку і зробимо аналіз «на світло».

Дивіться малюнок 32.

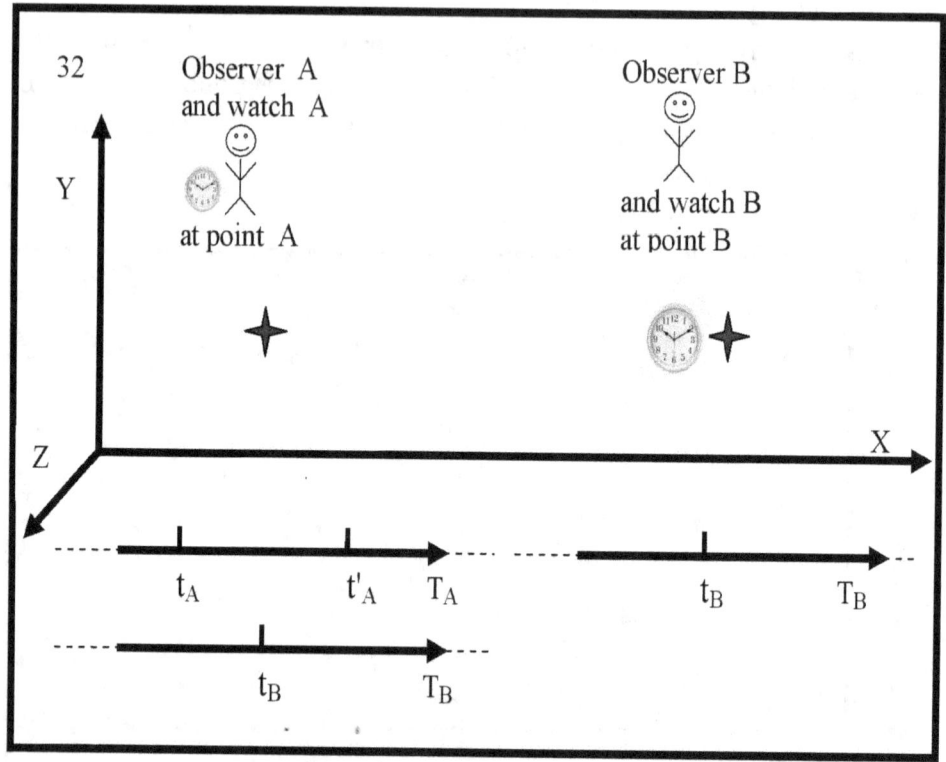

На малюнку 32 видно, що під спостерігачем В зображено вектор часу з моментом часу t_B, який бачить спостерігач В.
Під спостерігачем А показано два вектори часу та моменти часу, які бачить спостерігач А. Другий вектор належить спостерігачу В. Таким чином, два вектори та моменти на них можна порівняти.
Момент часу t_B, який знаходиться на векторі T_B, не можна помістити на вектор часу T_A. Це тому, що два вектори є двома різними годинниками та є незалежними. Це дуже важливо і про це слід пам'ятати. Книги з фізики показують один вектор часу, а на цьому векторі показано час багатьох різних годинників. Це помилка. Кожен окремий годинник повинен мати свій вектор часу. Таким чином, аналіз часу правдивий і чіткий.
Коли годинники працюють синхронно, вони повинні

показувати однакові моменти часу.
Дивіться малюнок 33 .

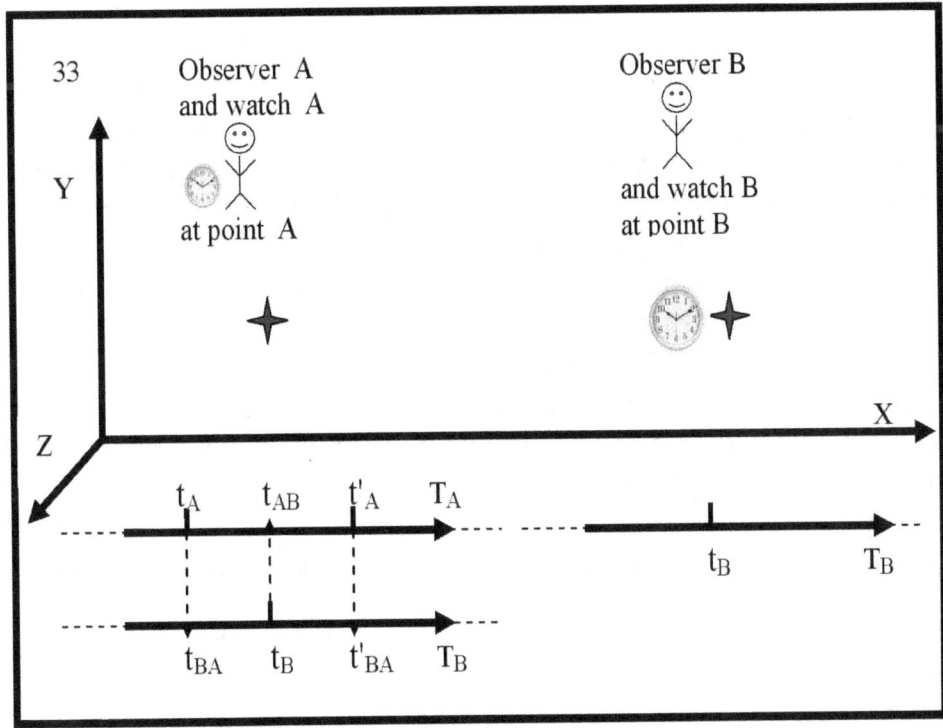

На малюнку 33 видно, що між двома векторами часу (T_A і T_B) розміщені безперервні стрілки. Стрілки показують зв'язок між різними моментами часу двох годинників.

Коли годинник A показує момент часу t_A, то годинник B показує момент часу t_{BA}.

Числове значення моменту часу t_A має дорівнювати числовому значенню моменту часу t_{BA}. Ця рівність є першою необхідною умовою, щоб довести, що годинники синхронізовані. Це означає, що спостерігач A повинен бачити збіг цих двох подій. Збіг моменту часу події t_A з моментом часу t_{BA} події.

У проведеному аналізі ми показали та довели, що спостерігач A не бачить і не може довести збіг цих двох подій. Спостерігач A не може виконати першу необхідну умову та не може

довести, що годинники синхронізовані.
Коли годинник В вказує момент часу t_B, то годинник А вказує момент часу t_{AB}.
Дивіться малюнок 33.
Числове значення моменту часу t_B має дорівнювати числовому значенню моменту часу t_{AB}. Ця рівність є другою необхідною умовою, щоб довести, що годинники синхронізовані. Це означає, що спостерігач Б повинен бачити збіг цих двох подій. Збіг моменту часу t_B події з моментом часу t_{AB} події. У проведеному нами аналізі ми показали та довели, що спостерігач Б не бачить і не може довести збіг цих двох подій. Спостерігач В не може виконати другу необхідну умову і не може довести, що годинники синхронізовані.
Коли годинник А показує момент часу t'_A, то годинник В показує момент часу t'_{BA}.
Дивіться Малюнок 33. (Подивіться вниз)

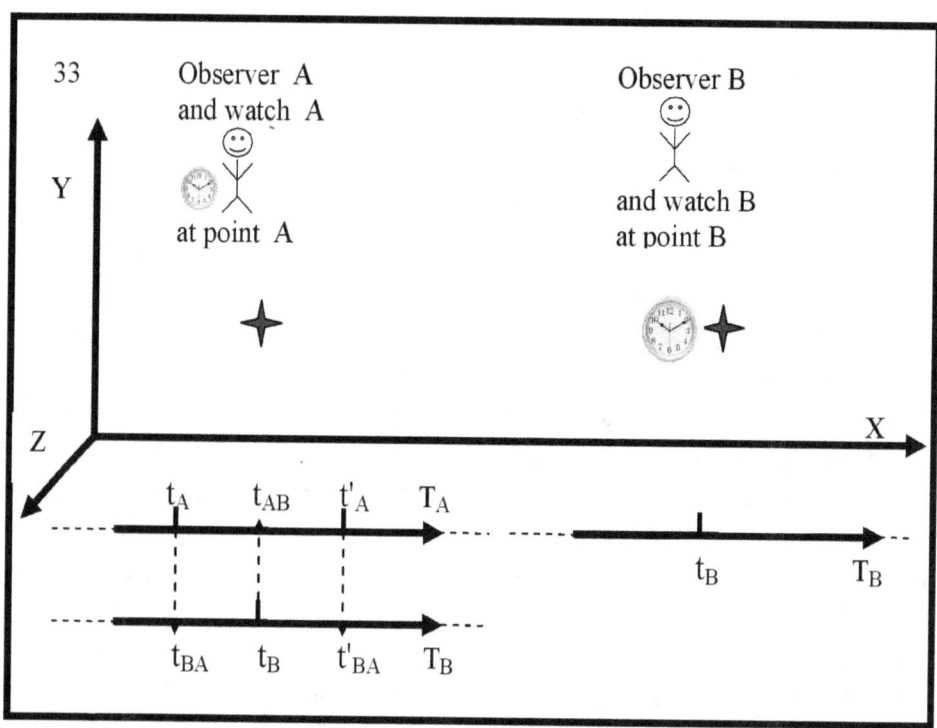

Числове значення моменту часу t'_A має дорівнювати

числовому значенню моменту часу t'_{BA}. Ця рівність є третьою необхідною умовою, щоб довести, що годинники синхронізовані. Це означає, що спостерігач А повинен бачити збіг цих двох подій. Збіг моменту часу t'_A події з моментом часу t'_{BA} події. У проведеному нами аналізі ми показали та довели, що спостерігач А не бачить і не може довести збіг цих двох подій. Спостерігач А не може виконати третю необхідну умову і не може довести, що годинники синхронізовані.

Аналіз, який ми проводимо, показує, що спостерігач А та спостерігач Б не можуть виконати три умови та не можуть синхронізувати годинники.

Тепер деякі читачі можуть заперечити, що ми ввели три нові умови для синхронної роботи, тоді як, згідно з Альбертом Ейнштейном, щоб синхронізувати годинник, необхідно виконати одну умову, а саме:

$t_B - t_A = t'_A - t_B$

Так, це правда. Відповідно до методу Альберта Ейнштейна, якщо рівність вірна, то t_B знаходиться в середині інтервалу між t_A і t'_A, тому годинники синхронізовані.

Тепер на кількох малюнках ми покажемо дві дуже важливі речі:

Перший.

Ми покажемо, що момент часу t_B може бути в середині інтервалу між t_A і t'_A, але годинники не синхронізовані.

Друге.

Ми покажемо, що момент часу В не може бути в середині інтервалу між t_A і t'_A, але годинники синхронізовані.

Коли ми побачимо ці дві речі, ми зрозуміємо, що метод Альберта Ейнштейна невірний.

Спочатку ми покажемо синхронно працюючий годинник.

Дивіться малюнок 34.

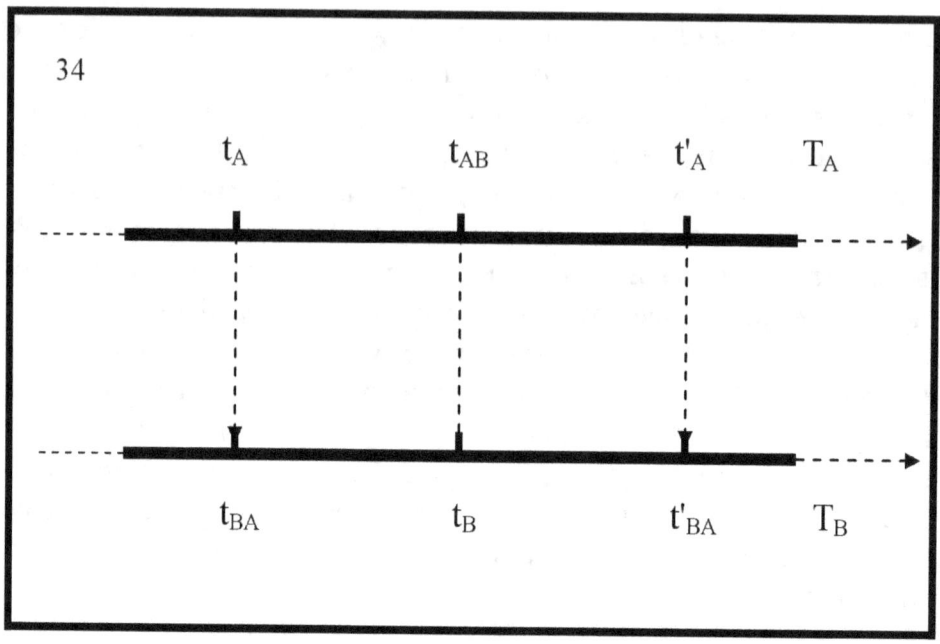

На рисунку 34 показано вектор часу годинника A (TA) і вектор часу годинника B (T$_B$).

Моменти часу годинника A і годинника B збігаються. Момент часу t$_B$ дорівнює моменту часу t$_{AB}$, а t$_B$ знаходиться в середині інтервалу між t$_B$ і t'$_A$. Всі умови для синхронної роботи годинників дотримані. Годинники працюють синхронно.

На наступному малюнку знову зображено вектори часу та моменти часу двох годинників.

Дивіться малюнок 35.

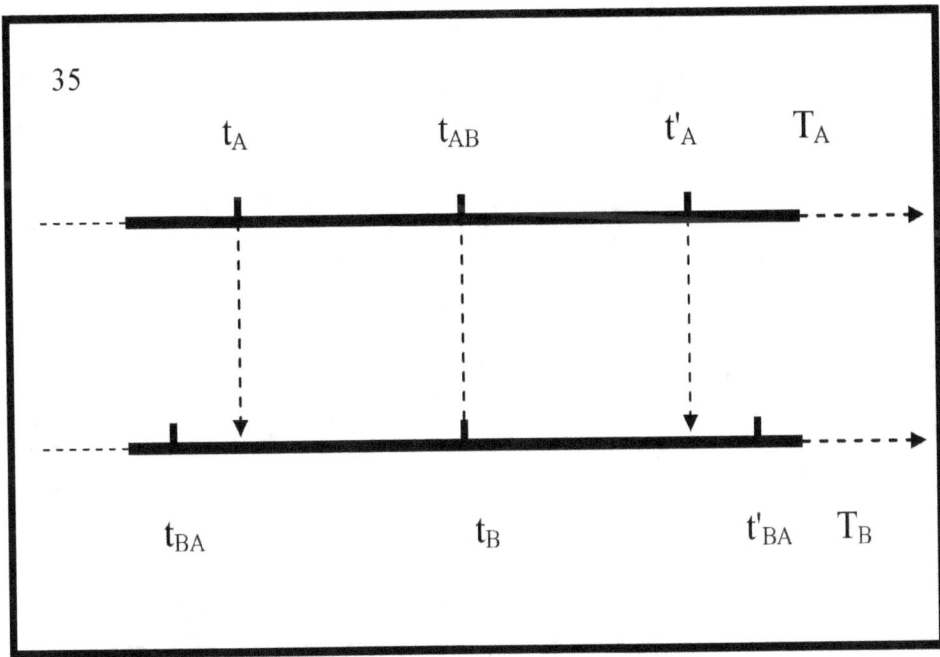

На рисунку 35 бачимо, що момент часу t_A не збігається з моментом часу t_{BA}, а момент часу t'_A не збігається з моментом часу t'_{BA}. Тільки момент часу t_B збігається з моментом часу t_{AB} і знаходиться в середині інтервалу між t_A і t'_A. Згідно з Альбертом Ейнштейном, коли t_B знаходиться посередині, годинники синхронізовані. Але ми бачимо, що вони не синхронізовані.

Давайте подивимося на наступну цифру 36.

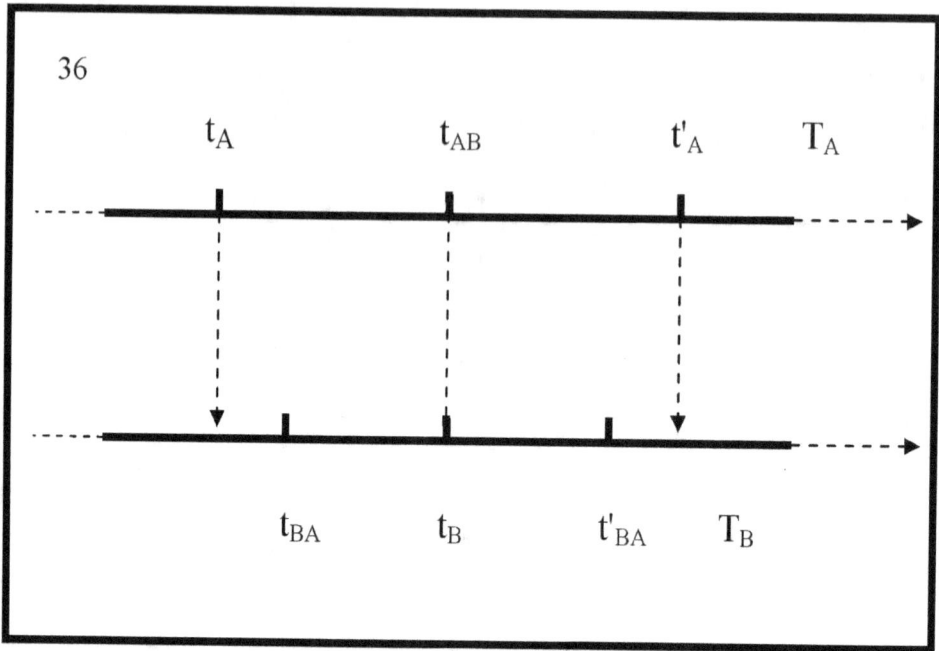

На малюнку 36 бачимо, що момент t_A не збігається з моментом t_{BA} і момент t'_A не збігається з моментом t'_{BA}. Момент t_B збігається з моментом t_{AB} і знаходиться в середині інтервалу між t_A і t'_A, але годинники не синхронізовані.

Давайте подивимося на малюнок 37.

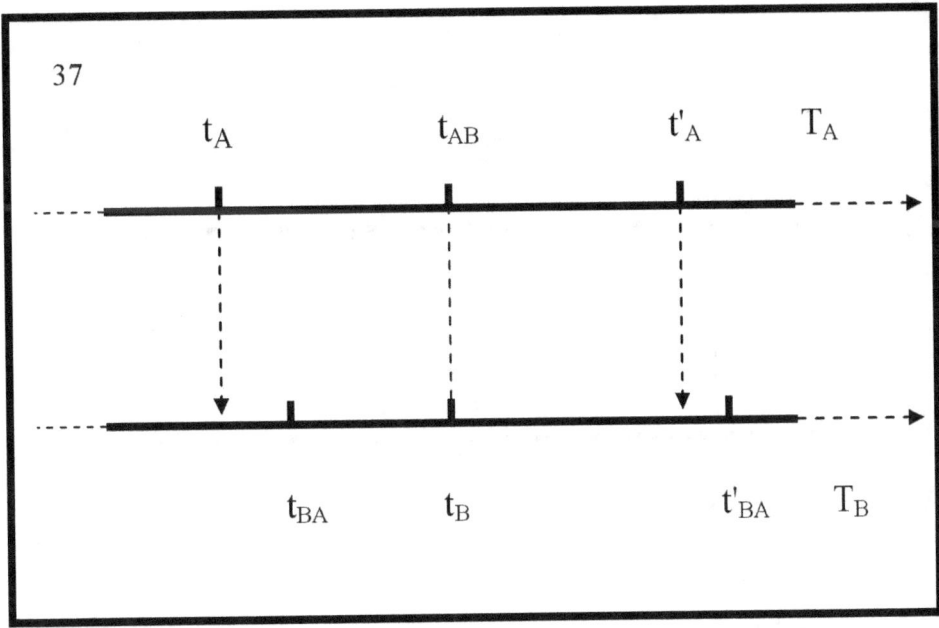

На малюнку 37 ми бачимо, що момент t_A не збігається з моментом t_{BA}, а момент t'_A не збігається (іншим чином) з моментом t'_{BA}. Момент t_B збігається з момент t_{AB}, і знаходиться в середині інтервалу між t_A і t'_A, але годинники не синхронізовані.

Тепер подивимося на малюнок 38:

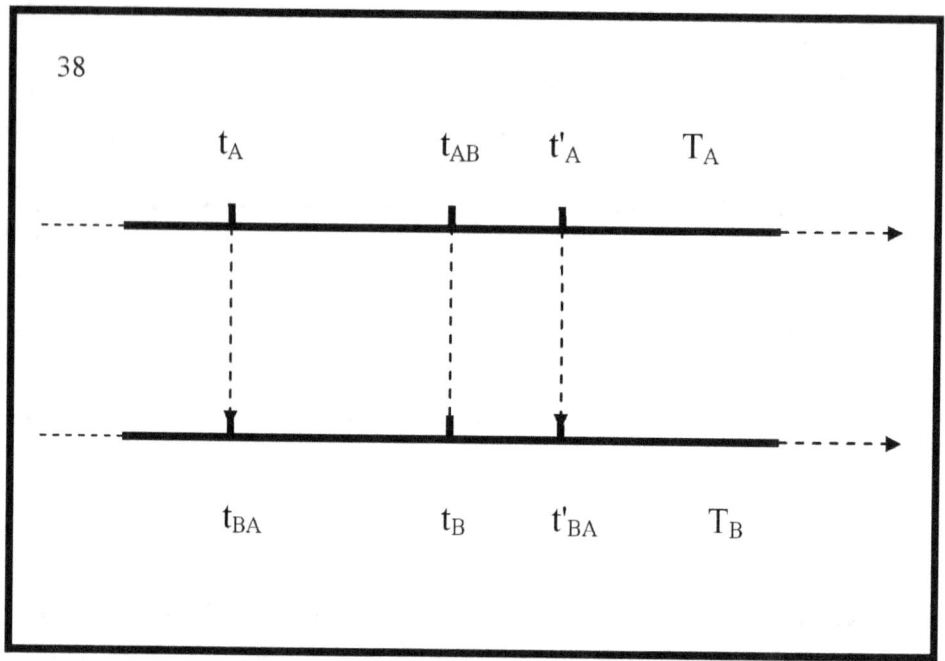

На рисунку 38 показано, що момент t_A збігається з моментом t_{BA} (виконується перша умова), момент t_B збігається з моментом t_{AB} (виконується друга умова), момент t'_A збігається з моментом t'_{BA} (виконується третя умова).

Усі три моменти часу годинника A збігаються з трьома моментами часу годинника B, що означає, що годинники синхронізовані. Але ми бачимо, що момент t_B, який збігається з моментом t_{AB}, не знаходиться в середині інтервалу між t_A і t'_A. Згідно з Альбертом Ейнштейном, якщо момент t_B, знаходиться не в середині інтервалу між t_A і t'_A, годинники не синхронізовані. Виникає питання, хто правий, ми чи Альберт Ейнштейн? Судіть самі.

Деякі читачі, які прочитають те, що я написав, можуть заперечити, що це дуже детальний аналіз і надто складні міркування.

Я не згоден з таким запереченням.

Я не згоден, тому що ми аналізуємо принципи та основи теорії відносності.

Теорія відносності у своїй завершеній формі розглядає всі

ефекти, пов'язані з фізичним часом. У теорії відносності час є змінною величиною. Швидкість часу різна і залежить від сили тяжіння та швидкості, з якою різні фізичні тіла рухаються одне відносно одного.

Наприклад, в теорії відносності існує феномен чорної діри. У чорній дірі швидкість часу дорівнює нулю, і кожна секунда стає нескінченно довгим інтервалом часу.

Тому при синхронізації годинників, які вимірюватимуть час у теорії відносності, методи синхронізації повинні бути дуже точними. Всі дії, які виконуються і призначені для синхронізації, повинні бути ретельно проаналізовані. Не допускаються двозначності та неточності.

4 РІШЕННЯ ЗАДАЧІ

Можливі різні критерії для підтвердження синхронної роботи принаймні двох годинників. Важливо знати і завжди пам'ятати, що:

По-перше: кількість можливих критеріїв для доказу синхронних рухів нескінченно велика . Див. «Час. космос. Рух. Відпочинок. Відносність. Абсолют» LAP LAMBERT Academic Publishing (2018-08-30)

По-друге : визначення конкретного критерію виконує дослідник. Вибір конкретного шляху залежить від науково-дослідних завдань, які вирішуються. Вибір способу (методу) завжди є конвенцією (переговорами принаймні двох дослідників).

По-третє : критерій синхронності застосовується до стану руху принаймні двох речей. Критерій синхронності не може бути застосований до стану спокою.

По-четверте : Критерій синхронної продуктивності принаймні двох годинників є чимось іншим, ніж критерій *одночасного та справжнього вимірювання часу* принаймні двома годинниками .

Ми розглянемо та проаналізуємо класичні критерії для перевірки синхронної продуктивності принаймні двох годинників. За допомогою малюнків буде показано, як синхронізуються рухи.
Дивіться малюнок 39.

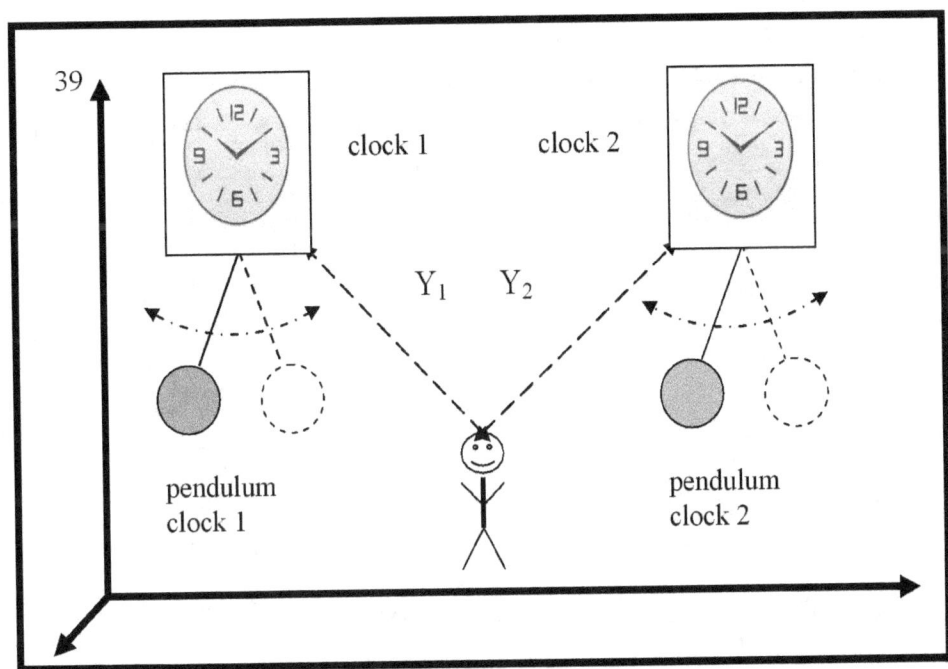

На малюнку 39 зображено два механічні циклічні годинники. Механічні циклічні годинники - це ті, що мають маятник.
Див. «Час. космос. Рух. Відпочинок. Відносність. Абсолют» LAP LAMBERT Academic Publishing (2018-08-30)
Спостерігач, який знаходиться на однаковій відстані від годинника, видно. Відстань Y_1 дорівнює відстані Y_2.
Спостерігач розташовується проти годинника певним чином. Спосіб розташування спостерігача дозволяє йому бачити маятник годинника один і маятник годинника два.
Маятник годинника один і маятник годинника два знаходяться в крайньому лівому положенні.
Крайнє праве положення, до якого відхилиться маятник годинника один, і крайнє праве положення, до якого відхилиться маятник годинника два, позначені пунктиром.
У крайньому правому положенні і в крайньому лівому положенні маятник годинника один і маятник двох знаходяться в стані спокою.
Як правило, годинники можуть бути не синхронізовані, і тоді маятник годинника один і маятник годинника два рухаються

до спостерігача по-різному.
Дивіться малюнок 40.

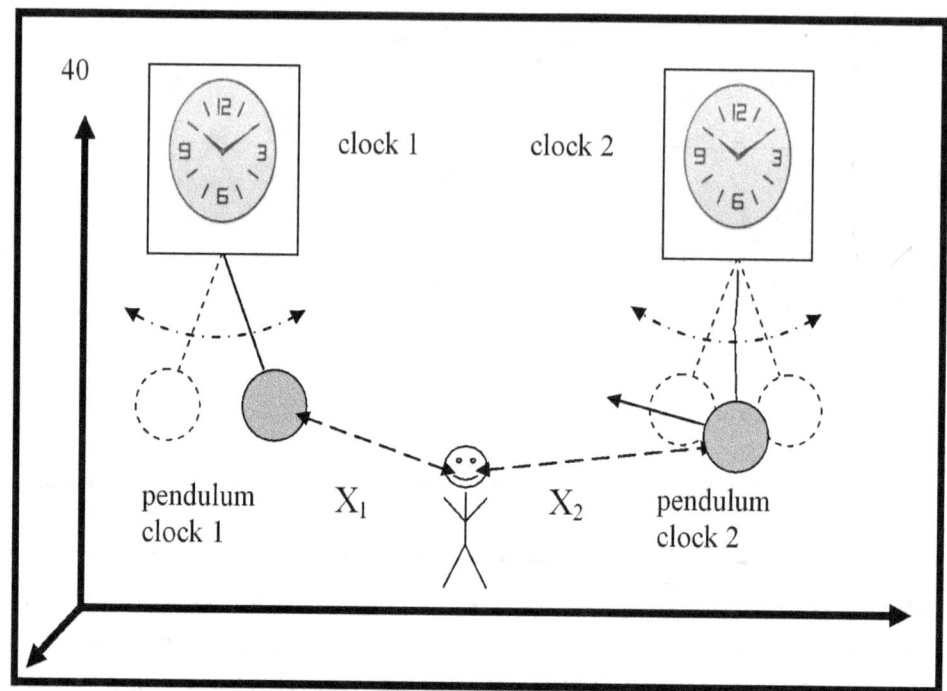

На рисунку 40 показано, що маятник годинника один знаходиться в стані спокою відносно спостерігача. Але на малюнку видно, що маятник другого годинника продовжує рух (наближення) до спостерігача. Відстань X1 менша від відстані X2.
У цьому випадку спостерігач повинен виконати необхідні дії, щоб отримати збіг події « стан спокою маятника один » із подією « стан спокою маятника два ». Це можна зробити різними способами.
Ми не будемо описувати процедури, які потрібно виконати, щоб отримати збіг подій. Розберемо спосіб перевірки синхронності двох годинників. Ми розглянемо експериментальний випадок, коли годинники повинні бути синхронізовані і їх потрібно перевірити.
Дивіться малюнок 41 .

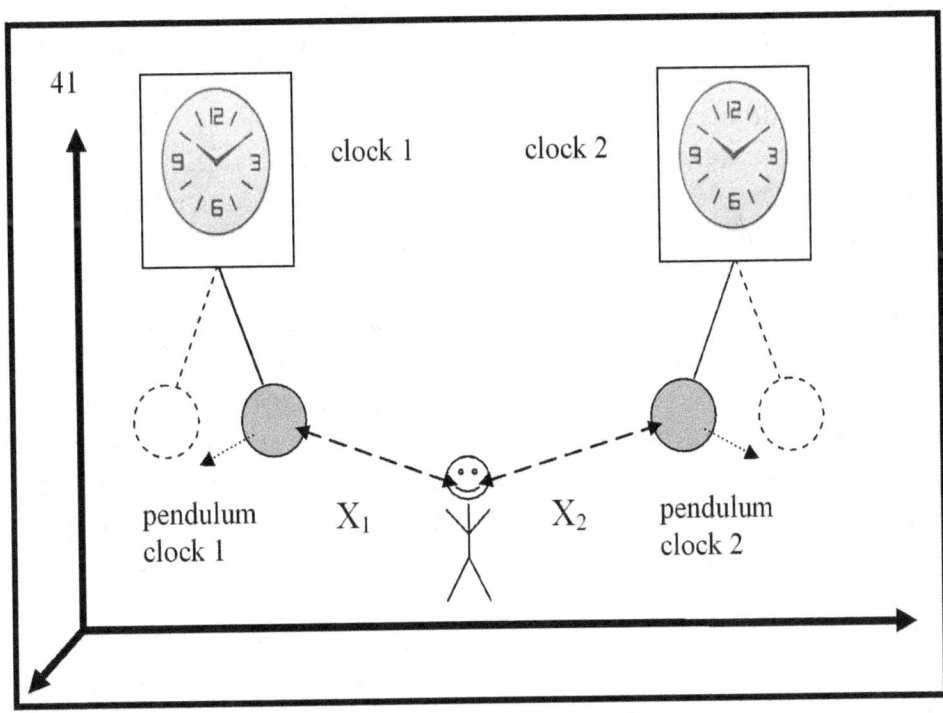

На малюнку 41 видно, що маятник годинника один і маятник годинника два рухаються в протилежних напрямках. Коли маятник годинника один рухається вліво, маятник годинника два рухається вправо. Спостерігач стежить за рухом двох маятників годинника. Спостерігач повинен визначити, що рух двох маятників є синхронним. Спостерігач повинен вибрати критерії синхронності руху маятника один і маятника два. Робиться це наступним чином.

Спостерігач зауважує, що коли маятник годинника один знаходиться найближче до спостерігача, маятник годинника один знаходиться в спокої проти спостерігача, після чого починає рухатися в протилежному напрямку.

Коли маятник другого годинника знаходиться найближче до спостерігача, маятник другого годинника знаходиться в спокої до спостерігача, а потім починає рухатися в протилежному напрямку. Стан спокою маятника один і стан спокою маятника два є двома різними подіями . Спостерігач має можливість контролювати та перевіряти збіг двох подій.

Коли відбувається збіг двох подій, спостерігач об'єднує дві події в нову подію, яка називається «збігом події *спокою маятника один* з подією *спокою маятника два* ». Подія «збіг події *спокою маятника один* з подією *спокою маятника два* » є необхідною умовою для спостерігача, щоб довести, що рух маятника один є синхронним з рухом маятника два. Але цього недостатньо. Достатньою умовою є повторення події *спокою маятника два* . Це має бути наступний цикл руху маятника один і маятника два.

Спостерігач знає, що рух маятникових годинника один і два все ще не синхронізовано, тому спостерігач уважно стежить за рухом маятника один і маятника два. Спостерігач очікує, що в наступному циклі руху маятника один і маятника два вдруге повториться подія «співпадіння *стану спокою маятника один* із *спокоєм маятника два* ».

Коли в наступному циклі руху маятника один і маятника два (вдруге тим же шляхом) повторюється подія «збіг спокою *маятника один* із *спокоєм маятника два* », то спостерігач може зробити висновок, що рух маятника один синхронний з рухом маятника два.

Важливо знати і пам'ятати, що спостерігач може спостерігати за подією «збіг *спокою маятника один* із *спокоєм маятника два* » тільки тому, що він знаходиться на однаковій відстані від двох годинників. Якщо ця умова не виконується, збіг не може спостерігатися.

Наведений критерій синхронності рухів є елементарним . Можливі й значно складніші критерії . Вибір залежить від дослідника.

Ми описали дуже детальний метод, за допомогою якого можна визначити синхронні рухи та синхронізувати роботу двох годинників.

У використовуваних нами критеріях поняття часу ніде не вживається. Це робиться абсолютно навмисно. Синхронні рухи (переміщення в просторі) не потребують підтвердження або відхилення ідеї фізичного часу.

Явище *часу* потребує перевірених синхронних рухів. Коли

доведено синхронність рухів, можна зробити аналіз явища фізичного *часу* .

5 ОБГОВОРЕННЯ

Хтось може сказати, що те, що я написав, не настільки суттєве, а спеціальна теорія відносності правдива.

Заперечу дуже коротко:

Спеціальна теорія відносності — це теорія фізичного часу. Фізичний час визначено Ейнштейном. Фізичний час відносний. Метод Ейнштейна використовує простий математичний вираз:

$t_B - t_A = t'_A - t_B$

Цим виразом Ейнштейн визначає термін «*інтервал часу*». У спеціальній теорії відносності «*інтервал часу*» стає «*фізичним часом*». Коли є сумніви, що часовий інтервал є неправильним, це означає, що фізичний час неправильний і що Спеціальна теорія відносності неправильна.

6. ОБГОВОРЕННЯ 02.02.2022.

У 1905 році в журналі Annalen der Physik була опублікована стаття «ZurelektrodynamikbewegterKörper», Annalen der Physik, 1905 17, 891-921. У другому абзаці статті Ейнштейн «сформулював два принципи спеціальної теорії відносності:

1. Закони, за якими змінюються стани фізичних систем, не залежать від того, яка з двох систем, що перебувають відносно одна одної в рівномірному прямолінійному русі, пов'язана з цими змінами.

2. Кожен світловий промінь рухається в нерухомій системі координат з певною швидкістю V, незалежно від того, нерухомим чи рухомим тілом цей промінь випромінюється. Крім того,

$$velocity = \frac{beam..path}{time..interval}$$

«інтервал часу» слід розуміти в сенсі визначення пункту 1 «

Примітка:
(

$$velocity = \frac{beam..path}{time..interval}$$

) = (швидкість = шлях променя / інтервал часу)

Але в абзаці першому Ейнштейн не визначає «інтервал часу». Гірше того, Ейнштейн не використав термін «інтервал часу» в абзаці першому. Тим не менш, Ейнштейн наполягав на тому, що часовий інтервал слід розуміти в значенні пункту першого. Що означає вислів «...розуміти у значенні пункту 1»? Це не може бути визначенням. Такий спосіб аналізу недостатньо коректний. Це призводить до непорозумінь і ряду помилок. Це означає, що коли різні дослідники читатимуть абзац перший, вони отримають різні уявлення про часовий інтервал. Коли вони отримують різні ідеї, вони будуть по-різному думати про часовий інтервал. Саме цього не повинно бути. Люди різні і по-різному сприймають інформацію. Це цілком нормально, і так буде завжди. Ось чому кожен дослідник повинен пропонувати якомога чіткіші, найточніші та найлаконічніші визначення. Потім читач читає визначення, і в його свідомості створюється чітке уявлення про явище, яке визначається. Коли ідеї двох дослідників зрозумілі, ці дві ідеї можуть бути ідентичними. Це мета кожного визначення, яке створюється в науці. Ейнштейн не досяг цієї мети. У мене таке відчуття, що він чомусь не ставив перед собою такого завдання, і ніби навмисно не запропонував визначення поняття «інтервал часу». Деякі читачі можуть заперечити, що це не так важливо і не має значення для спеціальної теорії відносності. Відповім так: категорично не згоден. Інтервал часу є основним і важливим поняттям у Спеціальній теорії відносності (можливо, важливішим, ніж два принципи). Інтервал часу відіграє ключову роль у створенні математичного апарату спеціальної теорії відносності. Математичні вирази елементарні, і легко помітити, що коли створюється Теорія відносності, «інтервал часу» стає фізичним часом. Ейнштейн був першим, хто запропонував визначення фізичного часу. Як на мене, це його головний внесок у науку. Фізичний час є фундаментальним (основним, важливим) поняттям у спеціальній теорії відносності, у загальній теорії відносності та у фізиці. Ніхто інший до Ейнштейна не висунув гіпотезу про існування феномену ФІЗИЧНОГО ЧАСУ.

Ейнштейн висловив цю гіпотезу в 1910 році в статті «Le principe de relativite et sesconcequencesdans physique moderne". У цій статті Ейнштейн використовує часові інтервали і через них створює гіпотезу ФІЗИЧНОГО ЧАСУ. Тому, визначаючи термін "часовий інтервал", визначення має бути абсолютно чітким, абсолютно точним, абсолютно точним. Коли є відсутність ясності, точності та точності, це означає, що можуть існувати приховані гіпотези, а також неявні аксіоматичні істини або напіввизначення. Саме тоді з'являються найбільші помилки та хибні уявлення в науці. У вказаній формулі

$(t_B - t_A = t'_A - t_B)$,

часовий інтервал визначено виключно для годинника А. У вказаній формулі відсутній часовий інтервал для годинника В. Часовий інтервал для годинника А використовується в прихованих видах, а для годинника В. Це саме те, що називається прихованим гіпотеза. У першій частині статті я намагаюся показати, які наслідки цієї прихованої гіпотези. Згідно з Ейнштейном, годинники синхронізовані, але з аналізу, який ми зробили, дуже ясно, що годинники можуть бути не синхронізовані. Це класичний приклад того, як неточність призводить до невизначеності у всій гіпотезі. Ця невизначеність стає невірною та має тяжкі наслідки для спеціальної теорії відносності, загальної теорії відносності та науки фізики. Багато різних дослідників аналізували спеціальну теорію відносності і показали своє особисте ставлення до гіпотези Ейнштейна. Одна частина прихильників, інша частина противників. Обидва погоджуються, що обидва принципи є найважливішими та лежать в основі спеціальної теорії відносності. Але обидва часто роблять ту саму помилку, а саме, вони не цитують весь другий принцип. Вони не помічають, що останнє речення принципу є частиною самого принципу. Якщо все ж цитують, то не звертають уваги на сказане і не аналізують.

Знову другий принцип:
2. Кожен світловий промінь рухається в нерухомій системі координат з певною швидкістю V, незалежно від того, нерухомим чи рухомим тілом цей промінь випромінюється. Крім того,

$$velocity = \frac{beam..path}{time..interval}$$

«інтервал часу» слід розуміти в сенсі визначення пункту 1 «

В останньому реченні другого принципу (червоний) Ейнштейн спочатку використав термін «інтервал часу», а відразу після цього стверджував, що «інтервал часу» визначено в абзаці 1. Я не можу прийняти визначення, яке пропонується таким чином. Поняття часового інтервалу потребує визначення, яке має принциповий ранг щодо теорії відносності. У теорії відносності «проміжок часу» є конкретною мірою КІЛЬКОСТІ ЧАСУ, ЯКОСТІ ФІЗИЧНОГО ЧАСУ. Де, ЯКІСТЬ ФІЗИЧНОГО ЧАСУ є відносною. Феномен «проміжку часу» присутній у ВСІЙ НЕСКІНЧЕННІЙ РЕАЛЬНОСТІ. Воно присутнє абсолютно одночасно, і пов'язане як з філософською категорією ЧАС, так і з об'єктивно існуючим феноменом ЧАС.

7. БІЛЬШЕ ОБГОВОРЕНЬ

Інтервал визначається лише для одного годинника, і цей інтервал має дорівнювати інтервалу іншого годинника. У зв'язку з цим виникає запитання, що означає дорівнювати двом інтервалам часу. Завжди потрібно доводити збіг двох моментів часу. Час початку першого інтервалу повинен збігатися з часом початку другого інтервалу, а час закінчення першого інтервалу повинен збігатися з часом закінчення другого інтервалу. Це називається збігом подій у часі, що є ідеальною ідеєю Ейнштейна. Коли збіг доведено, то можна висловити думку, що два інтервали рівні. Це судження, а в голові людини створюється уявлення про рівність двох проміжків часу. Слід завжди пам'ятати, що ідея чогось відрізняється від самої речі. Поняття часу відрізняється від явища часу. Я говорю це тому, що я твердо переконаний, що уявлення про феномен фізичного часу досить сильно відрізняється від уявлення про феномен філософського часу. Філософська категорія часу позначає феномен реальності, принципово відмінний від фізичного часу Ейнштейна. Сучасний розвиток фізики показує, що цей факт не враховується.

***

Вимірювання кількості часу здійснюється за допомогою «інтервалу часу» і використовується для вимірювання відстані. При вимірюванні відстані використовується еталон. Кожен стандарт (для відстані) має дві кінцеві точки. Дві кінцеві точки стандарту збігаються з двома точками єдиної нескінченної реальності. Збіг очок абсолютний. Збіг двох точок на одній прямій з двома точками на іншій прямій завжди є абсолютно одночасним. Це подія часу. Збіг цих точок не потребує гіпотези відносного часу. Коли штандар не рухається, збіг точок тут і зараз має бути одночасним зі збігом точок там і зараз. Правильне судження таке: тоді, тут і зараз, ми маємо збіг з там і зараз. Там і зараз це за показаннями годинника тут і зараз. Коли відстані мають тенденцію бути нескінченно великими або нескінченно малими, визначення часового інтервалу є складним завданням. І якщо немає чіткого визначення, часовий інтервал стає утопією.

ПУБЛІКАЦІЇ ЦЬОГО АВТОРА.

Парадокс палиці (частина 1)

https://www.amazon.co.uk/s?k=Evgeni-Bantutov-ebook&ref=sr_gnr_aps

Чи знаєте ви, що існує нескінченно висока швидкість? Комікси з фізики для дітей. У фізиці існує принцип постійності швидкості світла. Принцип належить Ейнштейну. Фізика припускає, що це найбільша швидкість. Це правда? Тому що двоє хлопців і дівчина, супергерої, генії фізики, відкривають, що існує нескінченно висока швидкість.

Парадокс палиці (Частина 2)

https://www.amazon.co.uk/s?k=Evgeni-Bantutov-ebook&ref=sr_gnr_aps

Чи знаєте ви, що рівномірного прямолінійного руху не існує? Комікси з фізики для дітей і дорослих. У фізиці існує перший закон Ньютона, який говорить, що коли на тіло не діє сила, воно рухається за інерцією або перебуває в стані спокою. Це правда? Бо двоє хлопців і дівчина, геніальні фізики, виявили, що коли не діє сила, тіло рухається, як черв'як. як черв'як під землею.

Парадокс палиці (частина 3)

https://www.amazon.co.uk/s?k=Evgeni-Bantutov-ebook&ref=sr_gnr_aps

Чи знаєте ви, що рівноприскореного не існує? Другий закон Ньютона говорить, що під дією сили тіло рухається з прискоренням. Але цей комікс показує, що це неправда. Є двоє хлопчиків і дівчинка, які є геніальними фізиками, і вони розуміють, що коли діє сила, тіло рухається, як черв'як. Може, виявиться, що закони Ньютона не вірні?

Парадокс палиці (Частина 4)

Чи знаєте ви, що коли тіло рухається з прискоренням, воно нагрівається? Сучасна фізика не знає, що коли тіла рухаються з прискоренням, вони повинні нагріватися. Троє геніальних дітей відкривають цей закон. Це комікси для дітей і дорослих. На малюнках показані та пояснені фізичні досліди. Немає математичних формул. Читається легко, звичайно, легко, весело.

Парадокс палиці (частина 5)

Чи знаєте ви різницю між абсолютним і відносним рухом? Діти, генії фізики, роблять чудовий дослід і показують його на малюнках і малюнках.

Парадокс палиці (частина 6)

Чи знаєте ви, чому тіла мають імпульс? Троє дітей роблять великі відкриття у фізиці. Комікси з фізики. Геніальні діти, супергерої, пояснюють закони фізики за допомогою картинок.

Помилка Ейнштейна

https://www.amazon.co.uk/s?k=Evgeni-Bantutov-ebook&ref=sr_gnr_aps амазон

Чи знаєте ви, що Ейнштейн не може синхронізувати годинники? Спеціальна теорія відносності — це теорія часу, простору та руху. У спеціальній теорії відносності Ейнштейн використовує синхронні годинники, які вимірюють час. Годинники повинні бути зведені заздалегідь. Синхронізація здійснюється спеціальним методом перевірки синхронності годинників. Метод, використаний Альбертом Ейнштейном, невірний.

Друга помилка Ейнштейна.

https://www.amazon.co.uk/s?k=Evgeni-Bantutov-ebook&ref=sr_gnr_aps амазон

Чи знаєте ви, що існує нескінченно висока швидкість? Взаємодія з нескінченно високою швидкістю називається взаємністю. Взаємність - одне слово. Google каже, що такого слова немає. Але вже є.

Ейнштейн розробив спеціальну теорію відносності і заявив, що:

«Для швидкостей, що перевищують швидкість світла, наші міркування безглузді. Однак наступні міркування переконають нас, що в нашій теорії швидкість світла фізично відіграє роль нескінченно високої швидкості».

Ідею Ейнштейна важко захистити, оскільки вона веде до принципово суперечливих висновків.

час. космос. Рух. Відпочинок. Відносність. Абсолютний

https://www.amazon.com/Time-Space-Movement-Relativity-Absolute/dp/6139906172

час. космос. Рух. Відпочинок. Відносність. Абсолютно. Це основні категорії діалектики. Філософський аналіз і визначення цих категорій повинні здійснюватися в єдності. Висновки аналізу показують, що уявлення сучасної фізики про простір, час, рух і Єдину нескінченну реальність (OIR) перебувають у глибокій кризі. Людська практика показує, що в таких випадках правильним виходом є філософія. Філософія науки обов'язково втрутиться.

Прилади нічного бачення? Це просто!

https://www.amazon.com/Vision-Devices-simple-Bantutov-Evgeni/dp/3659635367

2003 рік. Ірак. У Перській затоці вирувала війна. Американці виграли війну, тому що вони використовують високі технології, тому що вони використовують прилади нічного бачення. Потім з'являються секретні звіти спецслужб. Прилади нічного бачення погано працюють у пустелі. Високі температури негативно впливають на параметри приладів. Відстань дії зменшується. Якщо ви хочете зрозуміти, як це працює, купіть цю книгу. У книзі багато формул. Формули призначені для професіоналів. Але в книзі багато малюнків.

Малюнки пояснюють формули. Так звичайні люди розуміють складну математику.

www.ingramcontent.com/pod-product-compliance
Lightning Source LLC
Chambersburg PA
CBHW070309220526
45465CB00004B/1819